水文与水资源工程专业秦皇岛野外实习指导书

徐立荣　桑国庆　胡艳霞　主编

黄河水利出版社

·郑州·

内 容 提 要

本实习指导书是在总结济南大学多年秦皇岛野外实习教学成果基础上,根据水文与水资源工程专业实习的教学要求编写而成的。主要内容包括实习区概况、气象要素观测及资料整理、地质地貌及水文地质调查实习、水文观测及资料整理、河道调查及断面测量实习、河道拦蓄工程实习、野外实习主要路线等。

本书主要供水文与水资源工程专业的师生实习使用,也可供水利工程其他相关专业的师生在实习时参考。

图书在版编目(CIP)数据

水文与水资源工程专业秦皇岛野外实习指导书/徐立荣,桑国庆,胡艳霞主编. —郑州:黄河水利出版社,2017.11
ISBN 978 – 7 – 5509 – 1888 – 7

Ⅰ.①水… Ⅱ.①徐…②桑…③胡… Ⅲ.①水资源管理 – 教育实习 – 高等学校 – 教学参考资料②水文学 – 高等学校 – 教学参考资料 Ⅳ.①P33 – 45②TV213.4 – 45

中国版本图书馆 CIP 数据核字(2017)第 282204 号

组稿编辑:王路平   电话:0371 – 66022212   E-mail:hhslwlp@ 163.com

出 版 社:黄河水利出版社   网址:www.yrcp.com
　　　　　地址:河南省郑州市顺河路黄委会综合楼 14 层   邮政编码:450003
发行单位:黄河水利出版社
　　　　　发行部电话:0371 – 66026940、66020550、66028024、66022620(传真)
　　　　　E-mail:hhslcbs@ 126.com
承印单位:河南新华印刷集团有限公司
开本:787 mm × 1 092 mm   1/16
印张:9.5
字数:220 千字
版次:2017 年 11 月第 1 版   印次:2017 年 11 月第 1 次印刷
定价:25.00 元

前 言

济南大学地理科学、资源环境与城乡规划管理等专业在秦皇岛实习区已经开展了10余年的野外实践工作,积累了丰富的第一手教学资料。水文与水资源工程专业野外综合实习的主要内容包括气象观测、水文观测及资料整理、水文与水资源现场调查、水利工程调查及各种专业基本技能训练,由于实习内容、实习方法、实习要求等方面均发生了较大的变化,原有的实习指导书已经不能满足目前的教学实习需要,迫切需要一本具有综合性、实用性、专业针对性强的教学实习指导书。为此,本专业教师根据水文与水资源工程专业的特点,结合秦皇岛实习区的特色,重新编排实习教学内容,历时两年,编写了这本实习指导书。

现有同类教材可分为两类:一类是关于秦皇岛野外实习的指导书,但这类实习指导教材主要针对地质类、地理类专业的学生;另一类是针对水文与水资源工程专业的野外实习指导书,但偏重于地下水实习的内容,或实习区不是在秦皇岛。这两类实习指导书均不适合水文与水资源工程专业的学生在秦皇岛进行野外实习时使用。对水文与水资源工程专业来说,综合教学实习是加强学生专业知识教育,提高综合素质的重要环节。通过综合教学实习,可增强学生的实践和创新能力,这也是编写本教材的基本指导思想。

与现有同类教材相比,本教材的特色主要体现在以下两个方面:

(1)以秦皇岛实习区为例,针对水文与水资源工程专业的特点以及该专业学生野外实习的要求,教学内容在保留原有地质地貌及水文地质实习的基础上,增加了气象观测、水文测验、资料整理与分析、河道查勘与测量、水工建筑物调查等核心内容。

(2)通过近10年的实践教学,在实习区设计了9条典型实践教学路线,制定相应的教学内容,并单独编排为一章,要求学生结合实习路线联系前面讲述的基础知识内容,认真观察、独立思考、多角度分析和大胆推理,以增强学生创造性思维的能力。

本书可以作为水文与水资源工程专业本科生野外综合实习用书,也可以为水利工程其他相近专业的教学与实习提供参考。

本书在济南大学"秦皇岛野外实习讲义"的基础上,充分吸收了济南大学多年来的实践教学经验和研究成果,并参考了已有的实习指导书和科研成果,由徐立荣、桑国庆和胡艳霞担任主编,其中第一章、第二章和第四章由徐立荣、桑国庆编写,第三章和第七章由胡艳霞、徐立荣编写,第五章和第六章由桑国庆、胡艳霞编写,全书由徐立荣统稿、定稿。

本书编写中参考了大量前人的成果,恕不一一列出。在编写与出版过程中得到了济南大学教务处、济南大学资源与环境学院、黄河水利出版社等单位的帮助与支持,还得到了济南大学教材建设项目、山东省特色名校工程建设项目等的经费支持,在此一并表示感谢!

因时间、水平所限,书中不当之处在所难免,请广大读者及时提出宝贵意见,以使本书能得到进一步提高、完善。

编　者

2017 年 9 月

目　录

前　言

第一章　野外实习区概况 ………………………………………………………（1）
　　第一节　自然地理概况 ………………………………………………………（1）
　　第二节　水文与水资源概况 …………………………………………………（14）
　　第三节　社会经济概况 ………………………………………………………（18）

第二章　气象要素观测及资料整理 ……………………………………………（19）
　　第一节　气象要素观测方法及原理 …………………………………………（19）
　　第二节　气象要素资料整理分析与计算 ……………………………………（30）

第三章　地质地貌及水文地质调查实习 ………………………………………（36）
　　第一节　地质地貌调查基本方法 ……………………………………………（36）
　　第二节　地质地貌调查基本技能 ……………………………………………（44）
　　第三节　水文地质调查的内容与方法 ………………………………………（52）

第四章　水文观测及资料整理 …………………………………………………（62）
　　第一节　水文测站及观测 ……………………………………………………（62）
　　第二节　降水与蒸发的观测及资料整理 ……………………………………（66）
　　第三节　水位与流量的测算 …………………………………………………（72）
　　第四节　泥沙的测算 …………………………………………………………（78）

第五章　河道调查及断面测量实习 ……………………………………………（84）
　　第一节　河道查勘实习 ………………………………………………………（84）
　　第二节　河道治理规划实习 …………………………………………………（87）
　　第三节　河道断面测量实习 …………………………………………………（91）
　　第四节　河流断面流量观测 …………………………………………………（98）

第六章　河道拦蓄工程实习 ……………………………………………………（105）
　　第一节　水库实习 ……………………………………………………………（105）
　　第二节　水闸实习 ……………………………………………………………（113）
　　第三节　橡胶坝实习 …………………………………………………………（117）

第七章　野外实习主要路线 ……………………………………………………（122）
　　第一节　石门寨—傍水崖—花场峪气候气象实习路线 ……………………（122）
　　第二节　亮甲山—鸡冠山地质地貌观察路线 ………………………………（123）
　　第三节　东部落—潮水峪—砂锅店地质地貌及水文地质路线 ……………（128）
　　第四节　石门寨—傍水崖—吴庄垭口—花场峪地质地貌路线 ……………（133）
　　第五节　北戴河海岸地质地貌实习路线 ……………………………………（136）
　　第六节　大石河河谷地表水和地下水形成与分布调查及渗水试验 ………（138）

第七节　东部落寒武系府君山组灰岩岩溶裂隙水形成条件调查 …………（139）

第八节　石门寨—潘桃峪综合路线 …………………………………………（140）

第九节　燕塞湖—老龙头综合路线 …………………………………………（142）

参考文献 ………………………………………………………………………（145）

第一章　野外实习区概况

第一节　自然地理概况

一、地理位置与交通

秦皇岛市(简称秦市)位于河北省东北部,南临渤海,北依燕山,东接辽宁,西近京津,地处华北、东北两大经济区接合部,居环渤海经济圈中心地带,是我国唯一以皇帝名号得名的城市。相传公元前 215 年,秦始皇东巡"碣石",刻《碣石门辞》,并派燕人卢生入海求仙,曾驻跸于此,"秦皇岛"由此得名。秦皇岛市地理坐标为北纬 39°24′ ~ 40°37′,东经 118°33′ ~ 119°51′,包括海港、北戴河、山海关、抚宁区四个城市区和昌黎县、卢龙县和青龙满族自治县三个县及秦皇岛经济技术开发区、北戴河新区,陆域面积 7 802 km²,海域面积 1 805 km²。市区长 50 km、宽 6 km,是一个狭长带状滨海城市(见图 1-1)。

秦皇岛是全国综合交通枢纽城市,距北京 280 km,距天津 220 km,是国家历史文化名城、河北省唯一的零距离滨海城市,素有"长城滨海公园""京津后花园"美誉,是京津冀经济圈中一颗璀璨的明珠。秦皇岛在古代就占有非常重要的战略地位,是连接东北与华北的交通枢纽。陆、海、空交通便捷。京山、京秦、大秦、秦沈、沈山 5 条国铁干线在此交会,津秦铁路客运专线、京沈高速、沿海高速、承秦高速贯通全境,高速公路、102 国道、205 国道等各级各类公路更是四通八达,乡、镇之间均可直通汽车。其港口是我国北方最重要的不冻天然良港,作为我国北煤南运的主枢纽港,海运业务遍及 130 多个国家和地区;由秦皇岛码头乘轮船,可直接抵达烟台、青岛、大连和上海等地。北戴河民航机场开通多条空中航线。交通极为发达便利。

本次实习基地(工作区)——石门寨(习惯上称为柳江盆地)位于秦皇岛市北约 28 km 处(见图 1-2)。海港、山海关及北戴河三区呈东北—西南向分布于渤海海滨,是实习的辅助工作区。柳江盆地地理坐标为北纬 40°07′ ~ 40°09′,东经 119°34′ ~ 119°36′,位于燕山山脉东段,属河北省秦皇岛市抚宁区管辖。区内有柏油公路及铁路与秦皇岛市相通,交通极为便利。工作区所在的柳江盆地为南北延伸的低山丘陵区。北、东、西三面被陡峻的高山所包围。贯通盆地的大石河,是本区最主要的水系,出盆地为东南方向,在山海关南侧入渤海。

二、气候与气象

本区属于暖温带半湿润大陆性季风气候。因受海洋影响较大,气候比较温和,春季少雨干燥,夏季温热无酷暑,秋季凉爽多晴天,冬季漫长无严寒。

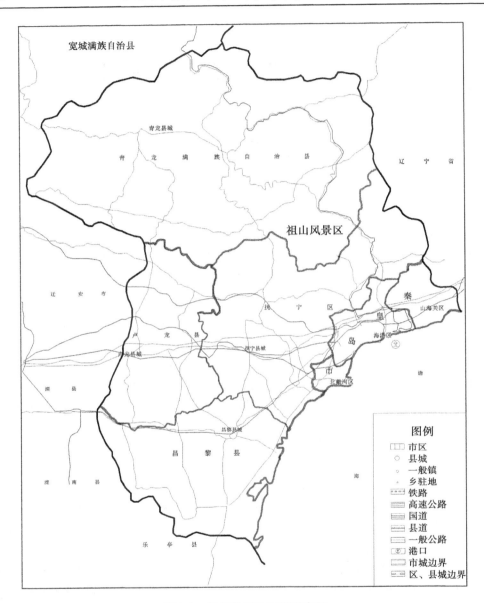

图 1-1　秦皇岛行政区划示意图

(一) 气温

由于秦皇岛市北面依山,南部临海,南北地区形成气候差异,南北温差极为显著:春季北面升温快于南部临海;秋季降温以北面为先。年平均气温 11.1 ℃,最冷月(1 月)平均气温在 -9.3 ~ -5.4 ℃,最热月(7 月)平均气温在 24.1 ~ 25.2 ℃。极端最低气温为 -27.2 ℃,极端最高气温为 37.4 ℃。无霜期 162 ~ 188 天。气温高于 0 ℃期间积温为 3 953 ~ 4 373 ℃,可满足二年三熟种植制度对热量的要求。气温低于 0 ℃期间负积温为 -722 ~ -375 ℃,对小麦越冬有较大影响。每年 20 ~ 25 ℃的气温时间占全年的 33%,主要出现在 6 ~ 9 月 4 个月,是不冷不热、不干不湿的最佳季节,而其他地方正处于酷热难耐

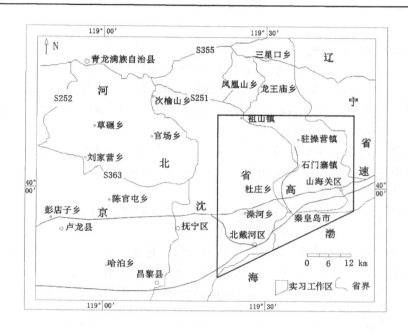

图 1-2　秦皇岛实习基地交通位置图

干燥之时,所以为旅游避暑提供了良好的条件。

(二)降水

全市多年平均降水量为 679.1 mm,是华北地区降水丰沛地区之一。降水量地域分布自北向南呈减少趋势,沿长城一线大于 550 mm,北部山区 530 mm,南部平原 500 mm,东部石河流域山区 560 mm。降水年际变化大,最大年降水量 1 273.5 mm(市区,1969 年),最小年降水量 332.9 mm(卢龙县,1982 年)。降水年内分配不均,主要集中在汛期(6 ~ 9月),其多年平均降水量 533.5 mm,约占年均降水量的 81.1%。10 月至翌年 2 月间,降水量最少,约占年均降水量的 7.6%;3 ~ 5 月,约占年均降水量的 11.3%。本区夏季雨量过于集中,且多以暴雨形式出现。由于海洋和山地的作用,初夏各地多为雷阵雨,沿海地区夜间雷雨较多。据统计,最大暴雨强度为 215.4 mm/d(1975 年 7 月 30 日),平均暴雨强度为 105.6 mm。年最多暴雨日数为 9 d(1969 年),这种雨量分配不均的结果最易引起旱涝灾害。

(三)风

本区因距蒙古高压中心较近,全年受其控制的风持续时间最长,主要风向受季风影响,随季节的变化规律是:每年 3 月为东风,5 月为西风,7 月为东南风及南风,11 月为东北风。总之,夏季多西南风,冬春季多东北风。主导风向为西南,平均频率为 12.9%,其次为南西,再次为正东,平均风速均在 5 m/s 以下。强风向为北东及东,平均风速均为 6 m/s 左右,最大风速分别为 20.8 m/s 及 23.7 m/s。除季风外,尚有台风窜扰。据历史记录资料,渤海每年 8 月 15 日前后,都会有或大或小、或多或少的台风窜扰。秦皇岛地区在 1949 年、1959 年、1969 年、1984 年、1985 年均在台风窜扰下发生过大潮与洪水叠加的波浪,造成一些损失。

(四)日照、湿度和蒸发

本区日照充足,全年日照时数在 2 700 ~ 2 850 h,日照率为 61% ~ 65%。最长月份为 5 月,长达 292.9 h;最短月份是 12 月,为 199 h。6 月夏至的太阳出没时间间隔最长, 04:30 出,19:29 没,长达 15 h;12 月大雪的太阳出没时间间隔最短,07:05 出,16:34 没,仅 9 h 29 min,二者相差 5 个多小时。

本区多年平均相对湿度为 61.7%,年际变化较小,在 5% 以内。相对湿度最大月平均 为 87%,最小月平均为 0,与气温和降水量呈正相关。6 ~ 9 月 4 个月相对湿度最大,多在 70% 以上。干燥度平均在 1.3 左右。

本区多年平均蒸发量为 1 646.8 mm,为多年平均降水量的 2.3 倍,蒸发量最大的月 份是 5 月,一般为 234 mm,约占全年蒸发量的 15%。

综上所述,本区气象资源(光、热、水)条件较好,适于农业生产和旅游业的开展,但本 区又处于高低气压过渡带,季风盛行,为滨岸沙丘堆积带来动力。夏季雨量过于集中,暴 雨频发,10 年周期的大雨和每年台风的窜扰,给第四纪沉积物的堆积带来特殊的影响。

三、地质概况

(一)构造背景

秦皇岛地区大地构造位置依次为:中朝准地台(Ⅰ级)、燕山台褶带(Ⅱ级)和山海关 台拱(Ⅲ级)(河北第四纪地质,1987)。根据地史分析及大地构造旋回的方法,秦皇岛地 区明显可划分为基底形成、盖层发展和强烈运动等三大发展阶段,与Ⅰ、Ⅱ级构造发展一 致。

1. 褶皱构造

(1)基底褶皱,主要分布于西部地区,均为紧密倒转褶皱。如东新寨倒转向斜,深河 倒转背斜延伸长 7 ~ 8 km,轴向北东 45° 左右,向斜倾向南东,背斜倾向北西,倾角 40° ~ 50°。由于阜平运动、五台运动产生的变质作用,岩浆侵入活动及多期混合的岩化作用而 形成了基底。

(2)强烈活动阶段,主要分布于柳江盆地及西南部,印支及燕山运动剧烈活动,主要 表现为基底蠕动及盖层褶皱,区内形成继承性强烈的柳江复式向斜,轴向北东 15°,东翼 完整,西翼受燕山晚期花岗岩体推挤作用,形成了岩石峪—秋子峪倾伏背斜,轴向北东 20° ~ 35°,向北倾伏,倾角 20°,两翼倾角小于 40°,此外在区内西边由燕山早期火山岩形 成了河潮营短轴向斜,燕山中期形成了东部后石湖山构造盆地。

2. 断裂构造

秦皇岛强烈的燕山运动活动及改造作用极为醒目,主要断裂均属燕山晚期特点,可分 为东西向断裂、北西向断裂、北东向断裂带、北北东向断裂带及东部后石湖山与火山机构 有关的环状断裂。

(1)东西向断裂:主要有孤石峪—三道关断裂(鸭水河断裂 F_{15}),其次有大炮上—鲤 鱼庄断裂(F_{14})、王庄断裂(F_{15}^1)、孤石峪南断裂(F_{15}^2)、柳条庄断裂(F_{16})、柳江庄断裂 (F_{18})、上平山断裂(F_{19})、秋子峪断裂(F_{20})等。本组断裂主要分布在本区中部,绝大部属压性正断层,走向北东80°左右,倾角70°~85°。

(2)北西向断裂:本组断裂主要有东部大石河断裂带(F_{5-7})及鸽子窝断裂(F_1),其次有归提寨断裂(F_3)、赵庄—徐口断裂(F_4)等。大石河断裂带(F_{5-7})包括七里寨断裂(F_5)、新建村—石门寨断裂(F_5^1)、潘庄断裂(F_5^2)、老龙头—上庄坨断裂(F_6)、山海关船厂—上花野断裂(F_7)等组成。走向北西45°~55°,倾向北东,倾角80°~85°,东北盘下降,最长者25.5 km,短者7 km,断裂带宽度可达5 km,展布在弯曲的大石河流域。断裂带挤压现象明显,断裂带中有重晶石石英脉侵入,有断层泉,在断裂带上有强劈理化带,糜棱岩化在断裂带三角面上发育,并沿断裂带有燕山期闪长玢岩侵入。石门寨一带电法测量时北西向断裂多处被北北东向断裂错断;鸽子窝断裂(F_1)分布于西南部,蔡各庄长11.5 km,可能与西部著称的冷口断裂相接。走向北西80°,倾向南西,倾角80°,南盘下降,挤压破碎带宽100~200 m,见有糜棱岩化及断层泥。

(3)北东向断裂带:分布在沿海一带,沿海岸线分布有牛头崖—山海关断裂(F_{10})等组成的北东向断裂带,长度不等,在30~40 m。F_{10}东段见到断层泉三处及绿泥石化动力蚀变现象;牛头崖—朱庄断裂,在秦市东山浴场海岸岩石有破碎现象;F_9断裂通过秦市一段为推测。

(4)北北东向断裂带:主要分布海阳镇—阜宁县一带,宽约5 km,主要有海阳镇—沙河寨断裂(F_{11})、上徐庄—秋子峪断裂(F_{26})、朱家峪—下平山断裂(F_{26}^1)、东新寨—猩猩峪断裂(F_{25})等组成的断裂带。其次有深河—八岭沟断裂(F_{22})、石门寨断裂(F_{23})、东厂西断裂(F_{27})等。本组断裂展布方向北东30°左右,多数为压性正断层,断层带中有石英脉贯入。

(5)环状断裂(F_{12-13}):燕山晚期强烈的火山活动,形成了拦马庄—高建庄—贺家楼环状断裂(F_{12-13}),出露在后石湖山晚侏罗世火山岩周围,东部高建庄—贺家楼段被北北东向断裂所复活改造利用。

(二)地层概况

秦皇岛地区地层出露较为齐全,除志留、泥盆、三叠及白垩地层缺失外,其他地层均有出露,而以中生界地层面积最大,广泛出露于北、东、东北三面,岩石为花岗岩,著名的都山、老岭、碣石山为这一地层的代表;太古界地层次之,出露于青龙腹地和卢龙、抚宁一带,岩石以片麻岩为主,为风化很深的变质岩;新元古界青白口系地层出露于太古界地层的两翼,以洋河以东的长城沿线分布最广,岩石以石英岩、石英砂岩为主;古生界地层分布于柳江盆地,包括寒武、奥陶、石炭、二叠等四系地层,岩石以石灰岩、白云岩为丰;新生界古近系和新近系地层缺失,第四系沉积地层分布于山间盆地和滨海,是平原区的主要组成成分。

1.新元古界青白口系(Qb)

1)长龙山组

长龙山组分布于张岩子至东部落、南部鸡冠山等地,由两个沉积韵律组成。不整合于下元古代之前形成的绥中黄岗岩之上。主要是紫红色、黄绿色、灰黑色及淡青色等杂色页岩,底部为砂岩。属典型滨海相沉积,与下伏的绥中花岗岩呈沉积接触关系(河北第四纪地质,1987)。厚91 m。

2）景儿峪组

景儿峪组主要分布在区内的东部地区，出露最好的剖面在李庄北沟，在黄土营村东也有出露。岩性由粗至细，由碎屑岩—黏土岩—碳酸岩构成一个完整的韵律，具有海侵沉积的特点。与长龙山组呈整合接触关系。其分界标志是其底部黄褐色或铁锈色的中细粒铁质石英砂岩，其中含大量海绿石，其底部的中细粒长石石英净砂岩具大型风暴波痕。本组地层属滨海相至浅海相沉积。厚 38 m。

2. 古生界寒武系（∈）

1）府君山组

府君山组在东部发育良好，东部落北剖面可作为标准剖面。岩性主要为暗灰色豹皮状含沥青质白云质灰岩。本组属浅海相沉积，与下伏景儿峪组、上覆馒头组均为平行不整合接触关系，分层标志十分明显。底部尾暗灰色含沥青质、白云质结晶灰岩，局部含碎屑。厚 146 m。

2）馒头组

该组由于岩体的侵入破坏和构造破坏，出露零星，东部落的北部和西部都有出露，可作为标准剖面。本组上下界线明显，与毛庄组的分界是以顶部的鲜红色泥岩作为标志层的。岩性特征以鲜红色泥岩、页岩为主，页岩中含石盐假晶，并夹有白云质灰岩。没有发现可靠的化石依据。与下伏府君山组呈平行不整合接触；与上覆毛庄组为整合接触。厚 71 m。

3）毛庄组

毛庄组在沙河寨西出露比较好，化石丰富，可作为标准剖面。主要岩性以紫红色页岩为主，含少量白云母，其颜色比馒头组页岩的颜色暗一些，俗称猪肝红。以三叶虫化石为主。厚约 112 m。

4）徐庄组

徐庄组分布较广，东部落西剖面出露较好，化石十分丰富，本组地层上下界线清楚，可作为标准剖面。岩性为浅海相的黄绿色含云母质粉砂岩，夹暗紫色粉砂岩、细砂岩和少量鲕状灰岩透镜体或扁豆体，含有三叶虫化石。与下伏毛庄组的分界以黄绿色粉砂岩与暗紫色粉砂岩互层为标志。厚 101 m。

5）张夏组

张夏组受到覆盖和破坏较少，使得寒武系地层是区内分布最广的地层之一，几乎盆地周围都有分布，在揣庄北 288 m 高地以东的山脊上出露最好，是区内较好的标准剖面。下部为鲕状灰岩夹黄绿色页岩；上部以鲕状灰岩为主，夹藻灰岩、泥质条带灰岩。三叶虫化石最丰富。本组与下伏地层为整合接触。厚 130 m。

6）崮山组

本组与张夏组在区内的分布相仿，比较好的有 288 m 高地上的剖面，可作为标准剖面。下部和上部都以紫色砾屑灰岩及紫色粉砂岩为主；中部则是灰色的灰岩，与张夏组界线明显，接触部位两者岩性差别很大。化石十分丰富，几乎每层都可以采到。厚 102 m。

7）长山组

长山组出露较好的剖面在揣庄北 288 m 高地，为标准剖面。岩性为紫色砾屑灰岩、粉砂岩与页岩互层,夹有藻灰岩及生物碎灰岩。三叶虫化石主要有:蒿里山虫未定种、长山虫未定种、庄氏虫未定种。与下伏地层为整合接触,两者分界清楚。本组在区内出露厚度较小,只有 18 m 左右。

8)凤山组

本组分布与崮山组、长山组相同,出露较好的揣庄北 288 m 高地可作为标准剖面。主要岩性为黄灰色泥灰岩夹砾屑泥灰岩。黄绿色钙质页岩及薄层状泥质条带状灰岩。泥质成分增多,容易被风化,风化往往形成黄色土状物。化石丰富,三叶虫化石垂直分带明显。砾屑形成小团块,本组与下伏长山组为整合接触,分界以底部的青灰色砾屑泥灰岩为标志。厚92 m。

3.古生界奥陶系(O)

1)冶里组

本组分布于区内东、西部,主要分布在东部地区。出露较好的是在潮水峪至揣庄一带。下部为灰色微晶质纯灰岩夹少量砾屑灰岩及虫孔状灰岩;上部为灰色砾屑灰岩夹黄绿色页岩。所产化石有三叶虫、笔石、腕足类等。与下伏的凤山组为整合接触,其分层标志是以灰色砾屑灰岩作为底界,此砾屑灰岩很薄,厚度不到 0.5 m,其上是纯灰岩。厚125 m。

2)亮甲山组

本组位于石门寨亮甲山,属浅海相沉积。主要岩性是中厚层状豹皮灰岩,下部夹少量砾屑灰岩和钙质页岩。含有头足类、腹足类和蛇卷螺未定种等化石。与下伏冶里组为整合接触,分界以亮甲山底部的中厚层状豹皮灰岩为标志,风化后呈泥质条带状,局部含泥质结核。厚118 m。

3)马家沟组

本组分布与亮甲山组一致,以亮甲山及北部茶庄北山发育较好。属浅海相沉积,较深水环境。本组岩性以白云岩和白云质灰岩为主,底部为具微层理、含角砾与燧石结核的黄灰色白云质灰岩。化石有头足类和腹足类。与下伏亮甲山组为整合接触,界线十分明显。白云岩具"刀砍痕"。厚101 m。

4.古生界石炭系(C)

1)本溪组

中石炭统本溪组在本区的东、西部分布都很广,发育和出露最好的是半壁店 191 m 高地,小王庄一带发育较好,小王庄剖面可作为本区的标准剖面。有 2 ~ 3 个由陆相到海相的完整沉积韵律。本组岩性特征与华北地区一致,是一套海陆交互相沉积。陆相粉砂岩中含植物化石:鳞木、科达、芦木等。下部为铁质砂岩、褐铁矿和黏土岩,平行不整合于马家沟组之上;上部为细砂岩、粉砂岩及页岩,夹3 ~ 5 层泥灰岩透镜体。石门寨西门—瓦家山剖面地层厚度为70.7 m。

2)太原组

本组在半壁店、小王山一带发育较好。本组岩性比较稳定,以灰黑色砂岩含铁质结核为主要特征,夹少量煤线及灰岩透镜体,由两个韵律组成,是海陆交互相沉积。含植物化石:脉羊齿、鳞木;动物化石:网格长身贝、古尼罗蛤。与本溪组呈整合接触,分界明显,本组底部为青灰色铁质中细粒长石岩屑杂砂岩,具小型球状风化。瓦家山剖面厚48 m。

5. 古生界二叠系(P)

1) 山西组

本组主要分布于东部黑山窑至曹山一带,西部也有出露。有两个韵律,第一个韵律含煤层,第二个韵律的顶部含铝土矿。本组是区内重要的含煤地层,属近海沼泽相沉积。主要岩性为灰色、灰黑色中细粒长石岩屑杂砂岩,粉砂岩炭质页岩及黏土岩。含植物化石:芦木未定种、带科达、纤细轮叶。与下伏太原组呈整合接触。厚度变化较大,在35～60 m。

2) 下石盒子组

本组分布于黑山窑至石岭一带,西部有零星分布,由三个韵律组成,属湖泊相沉积。主要岩性为灰色中粗粒长石岩屑杂砂岩。含植物化石:多脉带羊齿、山西带羊齿、带科达。厚115 m。

3) 上石盒子组

本组主要在黑山窑、欢喜岭至大石河西侧有出露。发育较好的剖面是欢喜岭,可作为标准剖面。岩性特征以河流相的灰白色中厚层状含砾粗粒长石净砂岩为主,夹极少量紫色细粒砂岩及粉砂岩。本组未获得化石资料。与下伏下石盒子组呈整合接触。厚72 m。

4) 石千峰组

石千峰组最初的命名地点在山西省太原市西25 km的石千峰。本组是二叠系最上一个组。出露较好的剖面是欢喜岭至瓦家山一带,可作为标准剖面。主要岩性是一套河流相的紫色岩层,包括粉砂岩、泥岩,夹少量砾岩、粗至中细粒净砂岩和杂砂岩。含植物化石:太原带羊齿、尖头轮叶、朝鲜羽羊齿。与下伏上石盒子组为整合接触关系,两者可以从颜色上区分。厚150 m以上。

6. 中生界三叠系(T)

三叠系仅出露在柳江盆地的东翼,并仅存在上统黑山窑组,以角度不整合超覆于二叠系石千峰组之上。黑山窑组岩石的成熟度较低。为灰色、灰黑色厚层含砾粗粒长石砂岩、含砾巨粒长石砂岩、泥质粗粒长石岩屑石英砂岩与灰黑色碳质页岩、黄绿色页岩互层,间夹薄层粉砂岩及灰白色厚层砂岩;中上部夹1～2层煤线,与下覆石千峰组多呈角度不整合关系,但在瓦家山一带为平行不整合关系。本组在黑山窑附近最为发育,向北逐渐变薄,最大厚度为95～165 m。产带羊齿、芦木、渐尖焦羽叶、银杏等化石。

7. 中生界侏罗系(J)

侏罗系为一套陆相火山沉积岩系,可分为三统三组。主要分布于柳江盆地的腹部,上统则呈环形分布于后石湖山火山机构周围。

1) 门头沟组

本组主要分布于河漕营及沿河屯以西。柳江盆地的东翼亦较发育,但西翼仅出露下部地层,以上的含煤层位多被火山活动破坏或覆盖。按岩性又可分为上、下两部分。

2) 髫髻山组

本组分布于柳江盆地之核部,仅见有下部层位,为灰色、灰绿色、灰紫色安山岩、安山质凝灰熔岩夹辉石安山岩、凝灰岩,普遍具轻微绿泥石化、绿帘石化现象,秋子峪东沟底部为灰色－灰紫色安山质砾岩,其余各处以安山岩呈角度不整合覆于门头沟组不同层位之上,厚 386~632 m。

3)白棋组

本组呈环状分布于后石湖山周围,以流纹岩、英安质角砾凝灰熔岩、凝灰岩为主,其次有流纹质火山角砾岩、霏细斑岩及珍珠岩等。火山岩面积最大,局部夹凝灰质粉砂岩。凝灰熔岩主要组分为流纹岩及安山岩岩屑,晶屑成分为钾长石、斜长石及石英等。流纹岩主要组分为斜长石、石英、火山玻璃,含少量云母及铁质、斑状结构,流纹构造。本组呈角度不整合直接覆于混合花岗岩、寒武系诸时代地层之上。厚 804 m。

8.新生界第四系(Q)

本区新生界地层主要为各类成因的第四系地层或堆积物,石门寨地区主要为河流冲积、洪积物,次为坡积物、残积物;山海关、秦皇岛及北戴河海滨区以海岸沉积物及三角洲沉积物为主,部分地区可见风成的沙丘和沙地堆积。总之,类型较多,分布较广,厚度小且变化大,成因复杂。

主要实习区柳江盆地的北、东、西三面,由晚太古绥中花岗片麻岩(因发生区域变质作用变为花岗片麻岩)和燕山期花岗岩侵入体构成,盆地内部为上元太古界、古生界和中生界构成的低洼丘陵和平原。从地质构造角度看,是一个西翼陡东翼缓的向斜构造,故又称为"柳江向斜"。

四、地貌概况

秦皇岛市北高南低、西高东低,总趋势为西北高、东南低,由山地、丘陵、平原、滨浅海四个地带组成。海拔一般在 500~800 m,最高 1 400 m,最低 0.8~20 m。山地主要分布于抚宁区、卢龙县北部长城一线及青龙满族自治县全境,南部有纵向、横向各三四条较低山脉。整个山地属燕山山脉东段,以东西走向为主,面积 4 688.2 km²,占全市总面积的 60.09%,海拔一般在 200~1 500 m,属中低山。山间丘陵主要在北部山区,海拔一般在 100~200 m,其特点是不连续、面积较小。山前丘陵为境内丘陵主体,面积占丘陵总面积的 70% 以上,集中分布于卢龙县和抚宁区中部,海拔 100 m 左右,形态多为浑圆和缓坡丘。其余丘陵主要分布于戴河以东侵蚀台地上,多以孤立残丘出现,海拔 50 m 左右。丘陵面积 1 703.2 km²,占全市总面积的 21.83%。平原主要分布于昌黎县中南部、抚宁区南部及市区沿海部分,有小面积分布于盆地中及山地丘陵间,以洪积、冲积平原为主。昌黎和抚宁区南部平原是全市平原的主体,其形态特征是连片、少有起伏、北高南低、稍有倾斜,基本广阔平坦,海拔 0~20 m。平原面积 1 410.6 km²,占全市总面积的 18.08%。

实习基地柳江盆地南北长约 20 km,东西宽约 12 km,北、东、西三面为陡峻的丛山所包围,仅南面向渤海开口。盆地内以低山、丘陵地形为主,最高山峰为西北部的老君顶,海拔 493.7 m,最低处为东南部大石河河谷内的南刁部落,海拔为 70 m 左右。盆地中西部的火山岩分布区为山高坡陡的地形,海拔多在 200~300 m,山峰海拔多在 400 m 以上;东部山区山峰海拔一般为 160~300 m(见图 1-3)。

新生代以来,该区发生频繁的间歇性升降运动。这些运动的代数和表现为正向运动。地壳上升并形成(层状)阶梯状地形。这些地形长期遭受风化剥蚀。从构造上看,这是一

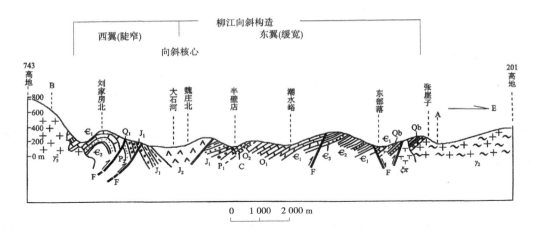

图1-3 柳江盆地地貌与柳江向斜构造关系

个构造剥蚀低山丘陵区。区内第四纪堆积物仅沿沟谷分布,松散零星,成因复杂,厚度很小。

(一)构造地貌

1. 夷平面

根据区内地形特点的观察和区域地质资料的研究,石门寨地区可划分为三级夷平面。从东部地区向西部广大地区登高远眺,可见有明显的广泛分布的三级平台,即三级夷平面。

第一级夷平面分布于西部地区的轿顶山(580.0 m)及其以北的大平台(635.2 m)一带,海拔600 m左右,分布范围较小。第二级夷平面分布于中部地区的青龙山(424 m)、老君顶(493.7 m)和大洼山(393 m)及其以西的地区,海拔450 m左右。第三级夷平面分布于区内广大地区,海拔300 m左右。上述三级夷平面均被流水等外动力地质作用切割。其原始的连续完整性遭到破坏,愈老的夷平面破坏愈甚。

2. 褶皱地貌

根据石门寨地区地层的分布和产状特征,可明显地确定石门寨地区为一轴向近南北的向斜构造。中侏罗世蓝旗组的安山岩系和早侏罗世北票组煤纪地层,不整合叠置在古生代向斜之上,并构成该区纵贯南北的主要山岭。这种向斜成山的地形倒置现象称为逆地貌。它是石门寨地区构造地形的主要轮廓。

3. 断层地貌

内动力地质作用形成了本区的向斜构造和纵横交错的断裂构造。这些断裂构造破坏了向斜构造的完整形态,把该区切割成大小不同的断块,由于断块的差异性活动,形成断块山、地垒或地堑等断层地貌,如鸡冠山(234.8 m)地堑和大平台断块山等。

4. 水平岩层地貌

在石门寨西南大平台一带,岩层产状近水平(这里岩层的倾角一般小于8°)。坚硬的下马岭组石英砂岩构成宽阔平展的大平台(239 m)顶面。这种由水平岩层形成的平顶山,构成了该区的方山地形,如大平台方山等。

5.单斜地貌

石门寨地区的褶皱构造是以大洼山、老君顶、青龙山为核部的一个近南北向的不对称向斜构造,西翼陡,东翼缓。翼部岩层受到平行于岩层走向的流水等外动力地质作用的切割破坏,形成了一坡陡、另一坡缓的单面山(岩层倾角 20°)和两坡近于对称的猪背岭(岩层倾角大于 20°)地貌。二者成为该区单斜地貌的主要类型。

6.火山及侵入岩地貌

石门寨地区中侏罗世裂隙式喷发的火山,其火山堆积物沿石门寨向斜的核部分布,形成南北向的脊岭,纵贯中西部地区,并且成为该区西部和东部区的主要分水岭。以各种不同产状侵入于地表之下的侵入岩体,被剥露出地表,基本上保持原始侵入形态,构成了该区各种侵入岩地貌。

(二)岩溶地貌

石门寨地区震旦系和古生代石灰岩广泛分布。这些石灰岩在适宜的条件下,发生岩溶作用,形成了一系列奇特的岩溶地貌景观。现依据其形态和规模可分为溶沟(又叫溶槽)、石芽、干谷、落水洞、溶洞及暗河等。

1.溶沟与石芽

溶沟与石芽是一种规模较小的地表岩溶地貌,在砂锅店和东部落一带的石灰岩中发育完好。这里的石芽一般高 1.5 m 左右,远远望去,很像雨后春笋,挺立于地表。石芽间的凹槽称为溶沟,溶沟中分布有少量的岩溶堆积物。

2.干谷与落水洞

干谷与落水洞在该区颇为多见,沿大石河和汤河河谷与它们的支流河谷观察,即可发现此类岩溶地貌。当河流流经石灰岩地区,或流经可溶的石灰岩和非石灰岩石交界的地段,经常见到河谷中的流水时而消失潜入地下,时而出露径流于地表。流水的这种时隐时现的现象是岩溶地区水流动态的重要特征。水流消失的地方,即有落水洞出现。流水沿落水洞注入地下,从而使落水洞下游的地表河谷变成干谷地貌。当转入地下的流水遇到隔水的岩石,不能继续向前流动时,则以泉水的形式转为地表流水。例如,在驻操营、东部落、柳观峪和北刁部落等地的河谷地段皆可见到这种岩溶地貌。

3.溶洞与暗河

石门寨地区的岩溶洞穴十分发育。溶洞是岩溶地区的地下水沿断裂或断裂的交叉部位溶蚀出来的空洞,它是一种地下岩溶地貌,是岩溶地区流水的水平循环带产物。石门寨地区出露地表的多层溶洞,是由于该区地壳多次脉动式上升和潜水面的多次下降形成的。

(三)流水地貌

流水地貌是石门寨地区普遍发育的一种地貌。据其特点可分为面流地貌、洪流地貌和河流地貌。

本区面流地貌分布广泛,在地形平缓或坡角较小的谷坡地带,特别是在单面山层面坡的一侧面流地貌更为常见,坡积物许多都是由黄土和黏土组成的;在北林子和丘杨赵庄等地单面山层面坡的一侧颇为典型。

洪流地貌除在侵蚀区形成各种规模和形态不同的沟谷外,其多以洪积扇为代表分布于沟口或悬挂于谷坡,特别是在大石河和汤河上游的支流河谷、峡谷、岸谷坡冲沟的沟口洪积扇(锥)比比皆是,例如在黄土营至东部落一带沙河的西岸谷坡,就有许多规模不同的洪积扇分布;在石门寨地区还可以见到新老洪积扇的串珠状叠置现象。

本区最有水文地质意义的是河流地貌。大石河和汤河是石门寨地区的两条主要河流,汤河仅流经石门寨地区的西南角,流域面积很小,河谷地形也比较简单。具有许多支流的大石河为区内最大的一条河流,流经石门寨的广大地区,塑造了较复杂的河谷地形。两河雨季多水,其他季节干涸或仅有少量的水占据河槽,这一方面是因为它们的汇水面积不大;另一方面是由于该区岩溶地形发育,大量的地表水从落水洞渗漏于地下暗河中,运移到河流下游,造成了地表河谷干涸或少水的现象。区内的韩家岭、大岭、大洼山、450 高地及秋子峪一线为两条河流的分水岭。

大石河及其支流河谷蜿蜒曲折,流向频繁变化,它的许多处蛇曲已深切入基岩,形成嵌入蛇曲河段。在大石河的整个流域中,还可以见到许多"V"字形谷河段,这些河谷段的地貌特征是谷底狭窄,谷坡陡峭,河床占据整个谷底或大部分谷底,谷坡上没有或有发育不好的阶地,阶地面或发生拱曲变形,或发生变位,同级阶地的陡坎较其他河段高,冲积物的厚度较其他河段薄,河床中基岩裸露,而且河漫滩面常常狭窄等。例如,义院口河谷段、杨山—杨长河谷段、杨山—傍水崖河谷段、英武山—沙河寨河谷段、潘桃峪—山海关燕塞湖(区外)河谷段等均具有上述地貌特征。

在石门寨地区还可以看到大石河的许多支流,是沿断裂带或软弱岩层的走向流动,这些支流河谷一般较直而且河谷横剖面多呈一坡较陡,另一坡较缓的不对称形状(见图1-4),例如付水寨—南刁部落支流河谷、李应—黄土营支流河谷等。

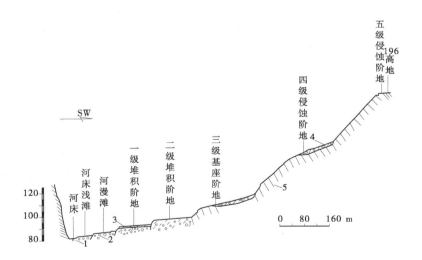

1—河床相沙砾石层;2—河床相河漫滩相沙砾卵石层;3—土壤层;4—坡积砾石层;5—基岩

图1-4　上庄坨—196 高地大石河谷地貌第四纪地质实测剖面图

大石河河谷具有坡降大、流水急、侵蚀作用大于冲积作用的山区河流特点,大石河上游的支流河谷多呈"V"字形,谷窄坡陡,谷中仅有一、二级阶地形成,且多分布于河流的凸岸,所见零星,阶地面狭窄,阶地陡坎高度较大。阶地的发育及其结构类型在不同的支流河谷或同一支流河谷的不同地段不尽相同。它们或为冲积阶地,或为基座阶地,未见侵蚀阶地。

上庄坨—潘桃峪大石河河谷段,河谷中的滨河床浅滩、心滩、牛轭湖及各种结构类型的阶地发育齐全。从河谷横剖面及野外观察可以看出,上庄坨至潘桃峪河谷段,大石河河谷为开阔的梯坡谷,河床宽浅,沙砾石滨河床浅滩和河漫滩发育,河漫滩一般高出河床1~2 m,一级阶地为堆积阶地,高出现代河水面3~5 m,阶地宽度不等,已被改造成耕地;二级阶地主要为堆积阶地,高出河水面约12 m,已被改造成永久耕地,表面由亚砂土、亚黏土组成,陡坎下部可见浅滩相砾石层;三级阶地为基座阶地,高出河水面21~25 m,其分布不连续,人工改造明显,表面物质主要为亚砂土和亚黏土,可见残留河床相砾石,直接覆盖火山岩基底上;四级、五级阶地均为侵蚀阶地,阶地面被冲沟切割而不连续,阶地面上有零星分布的磨圆好的砾石。

大石河及其支流的河谷类型和河谷中各种地形的发育特征,反映了大石河流域的地质结构、新构造运动和水文特点。这些地貌特征可作为研究石门寨地区地壳运动的宝贵资料。

(四)海岸地貌

纵观秦皇岛地区(包括山海关和北戴河)海岸不难看出,它一部分凸向海中,一部分凹向陆地,构成了一种弯曲波状的岬湾式海岸,秦皇岛、山海关、北戴河分别位于海岬地部位,在海岬地带,海岸基岩裸露,水深坡陡,波能聚合,是以海蚀作用为主的地区,海水动力(主要是波浪作用)强烈淘蚀撞击岸崖的基岩,在海岸形成各种海蚀地貌。秦皇岛海岸常见的海蚀地貌有海蚀洞穴、海蚀崖、海蚀平台(波切台)和海蚀阶地等。

介于山海关、秦皇岛和北戴河之间海岸部分,凹向陆地,构成秦皇岛地区的海湾,海湾地区波能辐散,是海蚀作用比较微弱、海积作用比较盛行的地区,这些地区形成海积地貌,秦皇岛海湾常见的海积地貌有海滩、砂堤、砂坝沙嘴和海积阶地等。

五、土壤与植被

(一)土壤

秦皇岛市土壤分布面积为6 894.7 km²,地貌类型复杂,土壤种类繁多,共有10个土类,20个亚类,60个土属,141个土种。土壤依地势由南向北依次分布有棕壤、褐土、潮土、滨海盐土等主要土类,另有风沙土、水稻土、石质土、新积土、粗骨土。其中,褐土是全市最大的土壤类型,占全市土壤面积的54.26%,其次为棕壤和潮土,分别占15.9%、10.6%。从土壤分区看,中低山区为棕壤、褐土区;丘陵区为褐土区;中南部河流冲积平原,土壤形成受冲积物类型与地下水活动的影响,为潮土主要分布区;滨海低平原为滨海盐土区;平原内有低洼常年积水处为沼泽区,故局部洼地又有沼泽土类型;河流故道、河岸两旁、滨海地区为风沙土区;而抚宁留守营一带,则形成水稻土。

(二)植被

在暖温带半湿润大陆性气候条件下,秦皇岛市的地带性植被类型为暖温带落叶阔叶林,并有温带针叶林分布。落叶阔叶林树种以落叶栎类为主。在海拔130 m以上的山顶台地上,往往分布有亚高山杂草草甸;在山海关长寿山、青龙老岭、昌黎五峰山,海拔500 m左右,分布有大片的盐肤木纯林,建群种盐肤木为"北上的"热带亚洲种;海拔750 m以上有山杨林分布;老岭海拔 800 m 以上有天女木兰分布;在阔叶林下为灌木,海拔 1 000 m 以上有白桦林分布;在海拔 1 200 m 左右的乱石窖地段有天女木兰纯林分布,老岭在海拔 1 200 m 左右有人工栽培的华北落叶松林和白杆林;在秦皇岛市最高峰都山,海拔 1 300 m 以上有华北落叶松、青扦、白杆零星分布。植被破坏严重的低山丘陵地区,分布有由酸枣、荆条、三裂叶绣线菊、大花溲疏以及胡枝子属植物组成的灌丛,还有由荆条、酸枣、白羊草等组成的灌草丛等。平原地带辟为农田、果园。滨海地区有沙生植被和盐生植被,河流湖泊及海中分布有水生植被。

第二节 水文与水资源概况

一、水资源总量及其构成

秦皇岛市水资源(淡水)主要由大气降水形成的地表水、地下水组成。全市水资源总量的多年平均值为 16.8 亿 m³,其中地表水资源量和地下水资源量分别为 13.09 亿 m³ 和 7.45 亿 m³。如果按人口平均,人均占有量为 585 m³,位居河北省各市人均值的第二位,约为省人均值的 1.9 倍,但仅为全国人均值的 1/4。如果按耕地面积平均,每公顷平均占有水资源量 858 m³,亦为全国耕地平均值的 1/4。按行政分区,青龙满族自治县占有水资源量最多,总量为 6.910 亿 m³,人均占有量为 1 372 m³;抚宁区次之;市区幅员小,人口密度大,自产水资源量仅 1.0 亿 m³,人均占有量为 146 m³。按水资源分区,滦河山区水资源量最多,总量为 7.19 亿 m³,人均占有量为 757 m³;汤河、石河平原地区最少,总量为 0.73 亿 m³,人均占有量为 122 m³。按水资源类别,地表水资源量以青龙满族自治县最多,总量为 6.71 亿 m³,人均占有量为 1 335 m³;地下水储量以昌黎县最多,总量为 1.93 亿 m³,人均占有量为 356 m³。

(一)地表水资源量

秦皇岛市境降水量是产生地表径流的最主要水源。因受地形影响,降水量以长城为界,由北向南呈递减趋势。降水量年内分配不均,年际变化也大,年降水量主要集中在汛期(6~9 月)。以石河流域实测统计为例,多年平均汛期降水量约占全年降水总量的78%;年际变化相比达到 2.8 倍左右,并有连续丰水年和连续枯水年发生。市境多年平均年径流深为 160.5 mm,折合径流量为 13.09 亿 m³。受地形与下垫面的影响,多年平均年径流深与多年平均年降水量分布相似,以长城为界向南呈递减趋势,长城一线为丰水区,多年平均径流深 200~250 mm,并在石河流域和东洋河流域形成高值区,多年平均年径流深在 20 mm 以上。长城以北滦河山区多年平均年径流深为 150~200 mm,河北沿海平原地区多年平均年径流量为 150~160 mm。受降水变化的影响,年径流量年内分配极不均匀,年际变化也较大。以石河水文站为代表,平水年 6~9 月径流量占全年总量的 90%;桃林口水文站实测平水年 6~9 月径流量占全年总量的 83.5%。年径流量的实际变化与年降水量丰枯有关,全市年均径流深最大值发生在 1959 年,为 448.0 mm,最小值发生在2002 年,为 31.5 mm,两者相差 14.22 倍。

（二）入境水资源量

外区入境河流主要有青龙河、石河。两河域外流域面积为 2 439 km²。两河多年平均入境水量为 3.029 亿 m³。

截至 2015 年，全市有注册水库 295 座，其中大中型水库 3 座。此外，由河北省水利厅管理的大型水利枢纽工程桃林口水库总库容为 8.59 亿 m³，兴利库容为 7.09 亿 m³，年可向市区供水 1.82 亿 m³。全市建有各类水闸 164 座，修建引、提水工程 12 处，其中大型引水工程"引青济秦工程"设计引水能力为 8 m³/s，日供水量达 29 万 m³。建有流量以上的扬水站 11 座，总提水能力为 15.8 m³/s。所建水源工程中，石河、洋河、桃林口三座水库为城市水源地，以向城市供水为主，兼顾农业用水。

（三）地下水资源量

平原区浅层地下水补偿主要来源于大气降水，自然状态下水位埋深保持在较为稳定的区间。到了 20 世纪 80 年代末，由于大肆开采地下水和大气降水量逐年递减，地下水位显著下降。平原区多年平均年地下水总补偿量为 4.70 亿 m³，地下水资源量为 3.22 亿 m³。山区地下水主要埋藏于基岩裂隙、溶洞中，以裂隙水为主，山区地下水资源量为 4.23 亿 m³，全市地下水资源总量为 7.45 亿 m³，可开采量为 5.27 亿 m³。

二、主要河流水系情况

秦皇岛区域水资源丰富，境内流域面积在 30 km² 以上的河流共有 48 条，分属于滦河水系及冀东沿海独流入海水系。其中属于滦河水系的有 15 条，属于冀东沿海独流入海水系的有 33 条。冀东沿海独流入海的河流其源头、河口均在秦皇岛境内。北方著名的滦河在秦皇岛市境内流域面积近 3 800 km²，地下水资源量为 7.45 亿 m³，水资源总量为 16.40 亿 m³。滦河水系中源头、河口均在市境内的有 9 条，其余 6 条河流中有 5 条河流的源头在秦皇岛境外而河口在境内（见图 1-5）。除青龙河、清河、起河等少数几条河流外，绝大部分河流走向均是由西北向东南，最后注入渤海。

各河流多年平均径流总量为 12.6 亿 m³，且径流量在时间变化上有两个显著特点：一是年内分配极不平衡，夏秋季节因直接受大气降水制约，河水暴涨暴落，易发生洪涝等自然灾害；春季大气降水偏少，各河流径流量甚小，部分河流时有断流现象发生。二是各河流径流总量年际间变化很大，实测最大年径流总量为 41.8 亿 m³，最小年为 2.5 亿 m³，二者相差近 17 倍，且常常出现连续丰水年、连续枯水年。流域面积在 100 km² 以上的较大河流有 23 条，其中有滦河水系的青龙河、沙河以及冀东沿海独流入海水系的洋河、石河、戴河、饮马河和汤河等。主要河流简介如下。

（一）石河

石河，古称渝水，又名大石河，北南走向，因河床绝大部分由卵石组成故称石河。石河发源于秦皇岛市北部青龙满族自治县境内马尾巴岭，经抚宁区进入境内西北山林区，至孟姜镇小陈庄入近海平原，穿京沈公路、京哈铁路到石河镇田庄以东入渤海。石河为秦皇岛最东部河流，属于冀东沿海独流入海水系，全长 67.5 km，流域面积 618 km²，径流量每年 1.6 亿 m³，是秦皇岛市区内最大的河流。石河流域属暖温带季风型气候，气候温和，四季分明，平均降水量 639 mm。

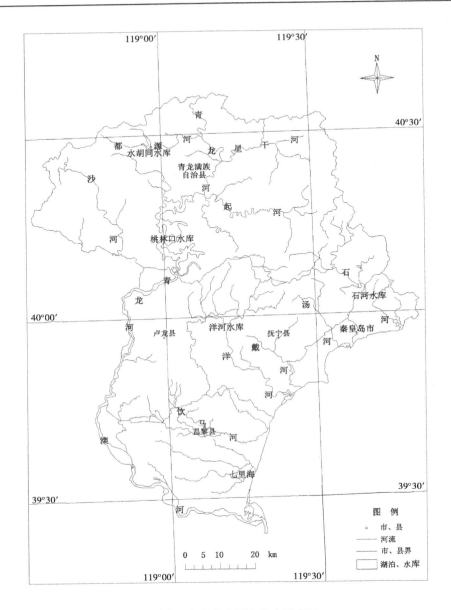

图 1-5　秦皇岛市河流分布示意图

(二) 汤河

汤河发源于秦皇岛市抚宁区,流经抚宁区和秦皇岛市区,境内河道全长 28.5 km,流域面积 184 km²,径流量每年 0.37 亿 m³。汤河是秦皇岛市区内的主要河流,也从属于冀东沿海独流入海水系。汤河流域有知名的旅游景点汤河公园,经过多年建设,汤河公园已建成休闲绿地景观区、水景区、观赏花卉区、文化服务区、纪念区、雕塑小品区等六大功能区,园内翠柏苍松、溪水潺潺,花香阵阵,成为广大市民娱乐、休闲的绝好去处。汤河流域属暖温带季风型气候,气候温和,四季分明,平均降水量 750 mm。

（三）戴河

戴河的源头均在抚宁区。东源为沙河，发源于抚宁区蚂蚁沟村西北青石岭清河塔寺。西源主流为西戴河，发源于抚宁区北车厂；西源支流名为渝河，发源于抚宁区聂口北。另一源为高家店米河。戴河像一条银白色的玉带缓缓流淌，在北戴河区河东寨村注入渤海，全长 35 km，流域总面积 290 km²，河床宽度约 200 m。戴河流域北宽南窄，形如纺锤，除上游属山区外，80% 都是丘陵区。流经北戴河区 13 km，北戴河境内流域面积 32 km²。戴河流域属暖温带季风型气候，气候温和，四季分明，平均降水量 650 mm。

（四）洋河

洋河发源于秦皇岛市青龙满族自治县和卢龙县，流经青龙、卢龙县和抚宁三个县（区），境内河道全长 100 km，流域面积 1 029 km²，径流量每年 2.4 亿 m³。洋河为秦皇岛市第二大河流，从属于冀东沿海独流入海水系。在洋河上游建有知名的洋河水库（洋河水库也称天马山水库），位于河北省秦皇岛市抚宁区大湾子村北。作为洋河干流上一座大（2）型水利枢纽工程，担负着秦皇岛市区的工业生活用水。流域面积 755 km²，总库容 3.86 亿 m³，洋河灌区配套灌溉面积 84 km²，为秦皇岛市主要的产粮基地之一。流域内气候温和，四季分明，属暖温带季风型气候，平均降水量 750 mm。

（五）饮马河

饮马河发源于秦皇岛市卢龙县，流经卢龙县和昌黎县，境内河道全长 145 km，流域面积 601 km²，径流量每年 0.69 亿 m³。饮马河为昌黎县内最大河流，为该县生产和生活提供农业用水和工业用水，从属于冀东沿海独流入海水系。目前，饮马河也是秦皇岛市污染最为严重的河流之一。

（六）青龙河

青龙河是滦河的重要支流，青龙河发源于辽宁省凌源市，流经青龙满族自治县和卢龙县，境内河道全长 166 km，流域面积 3 363 km²，径流量每年 9.6 亿 m³。青龙河为秦皇岛最大河流，在河北省流经承德、秦皇岛、唐山三市，沿途百川汇聚，最终于滦县汇流滦河入渤海。在青龙河上游有著名的桃林口水库。桃林口水库是"八五""九五"期间水利部、河北省重点建设项目。水库正常蓄水位为 143.4 m，坝顶高程为 146.5 m，最大坝高 74.5 m，坝顶长 500 m，死水位为 104 m，兴利库容 7.09 亿 m³，死库容 0.511 亿 m³，总库容 8.59 亿 m³，年均发电量 6 275 万 kWh。

三、水文地质条件

秦皇岛沿海地区地下水的埋藏与分布受区域地貌控制，在不同地貌单元内又受地质构造、岩性和地下水水流系统的制约。地下水平原水位埋深在 0.5~8 m，山区水位埋深在 5~80 m。全境地下水按埋藏条件划分大部分为潜水，局部地区为承压水及上层滞水；按储水条件可分为基岩裂隙水、岩溶水与松散岩类孔隙水三大类。

在昌黎、抚宁及秦皇岛市区北部的广大中低山地区主要是裂隙水、孔隙水，这里是地下水的补给区。自东而西包括柳江盆地、洋河盆地、燕河营盆地等是双重含水结构，上部为孔隙水，下部为基岩裂隙水或岩溶水；在东部滦河、洋河、戴河、汤河、石河冲洪积平原区是松散孔隙水，属于径流排泄区；在滨海平原区主要是孔隙水。秦皇岛地区的地下水的主要补给来源是大气降水,另外境外地表水补给也是一部分。地下水动态变化受大气降水及人工开采控制。

第三节　社会经济概况

秦皇岛市是集港口、临港工业和旅游业为一体的大型综合性城市,是京津冀地区的对外贸易口岸,也是全国著名的海滨旅游城市。2016年全市实现生产总值达1 339.54亿元,同比增长7.0%。其中,第一产业增加值195.94亿元,增长5.3%;第二产业增加值461.62亿元,增长5.5%;第三产业增加值681.98亿元,增长8.5%。全年居民消费价格比上年上涨1.3%。其中,城市上涨1.4%,农村上涨0.8%。

2016年末全市常住人口309.46万人,比2015年末增加2.14万人。出生人口2.81万人,人口出生率为9.09‰;死亡人口2.06万人,人口死亡率为6.66‰;人口自然增长率为2.43‰,比2015年下降0.5‰。常住人口城镇化率为56.13%,比2015年提高2.06%。

由于地理位置的优越性,海产业、水产业具有得天独厚的条件。农业主要种植水稻、玉米、小麦、高粱、谷子、红薯、豆类等;山坡多种植果树,以桃、葡萄、苹果、核桃最有名,还有梨、山楂、杏、李子、沙果、海棠、板栗等。2016年全年粮食作物播种面积13.71万 hm^2,粮食总产量81.14万 t,粮食作物的主产区为抚宁区和昌黎县。油料作物播种面积2.35万 hm^2,油料总产量8.06万 t。蔬菜播种面积4.58万 hm^2,比2015年下降5.6%;蔬菜总产量322.37万 t,比2015年下降4.8%。畜牧、蔬菜、果品三大优势产业产值占农林牧渔业总产值的比重为65.9%。农业产业化经营率达到69.5%,比2015年提高1.46%。

秦皇岛是一座新兴的工业城市,西部和北部工业区的快速发展带动了城市发展,主导产业有金属冶炼和压延工业、食品制造业及玻璃制造业等。2016年全部工业增加值为376.29亿元,比2015年增长5.0%。传统的制造工业有全国闻名的耀华玻璃股份有限公司、山海关桥梁厂。新兴的工业以秦皇岛经济技术开发区为代表,是国家级的经济技术开发区。已探明的矿种有煤、萤石、硫铁矿、耐火黏土、石灰岩、石英砂岩、白云岩等,未探明的矿产有铁、金、银、铜、铅、锌、石英、重晶石及非金属建材等。煤矿开采历史悠久,煤质为无烟煤,规模属于小型煤矿;水泥生产也有一定规模;乡镇企业发达。

秦皇岛市旅游资源类型丰富,近些年,旅游业的迅猛发展使得秦皇岛地区的接待游客人次从2000年的715万人次增至2016年的4 218万人次,旅游总收入从2000年的37.78亿元增至2016年的495亿元,极大地推进了第三产业及相关产业的发展。

第二章 气象要素观测及资料整理

第一节 气象要素观测方法及原理

一、气温和湿度的观测

（一）观测原理

气温是空气温度的简称，是表示空气冷热程度的物理量。气温决定着空气的干、湿与降水，决定着气压的大小，是影响大气运动和大气变化的基本因素。气温随地点、高度和时间都有变化。我国的气象工作和日常生活中均采用摄氏温标来衡量气温。任何物质的温度变化，都会引起自身特性的改变。热胀冷缩反映了物质物理特性（体积大小）与温度之间的定量关系，我们可以利用物质的这种特性来测量研究气温的大小及其变化。

温标是用于衡量物体温度大小的量度标尺。制定温标时，常以标准大气压力下纯水的冰点和沸点作为基准点，再把这两点之间等分为若干份，每份为一度。常用的温标有摄氏温标、华氏温标和绝对温标。三种温标的换算关系如下：

摄氏温标（℃）： $\qquad t(℃) = 5/9[t(°F) - 32]$ (2-1)

华氏温标（°F）： $\qquad t(°F) = 9/5t(℃) + 32$ (2-2)

绝对温标（K）： $\qquad T(K) = 273.16 + t(℃)$ (2-3)

空气湿度是反映空气中水汽含量的多少或潮湿程度的物理量，它是基本的气象要素之一，也是气象、农业、林业、生态、环境等众多学科中普遍使用的反映空气状态的重要指标。常用的湿度参量主要有水汽压、相对湿度、饱和差、露点温度等。水汽压是指空气中水汽的分压强；相对湿度是指空气的实际水汽压与同温度下的饱和水汽压的百分比值；饱和差是指同温度下的饱和水汽压与空气的实际水汽压的差值；露点温度是指空气按等压过程冷却达到饱和时的温度。

（二）观测仪器与观测方法

1.各种液体温度表

温度表（玻璃液体温度表）一般采用水银或酒精作为测温液体，利用水银或酒精热胀冷缩的特性来对温度进行测量。温度表主要由感应球部、毛细管、刻度磁板和外套管四部分构成，读数精确到 0.1 ℃。常用的温度表根据用途主要有以下三种。

1）普通温度表

普通温度表用于读取观测时的温度，一般采用水银温度表。常用的普通温度表主要有干球温度表、湿球温度表和地面普通温度表。干球温度表用于测量空气温度。在干球温度表的感应球部包裹着湿润的纱布，则称为湿球温度表。湿球温度表和干球湿度表主要有百叶箱干湿表和通风干湿表，可测量空气湿度。地面普通温度表用于测量裸地表面的温度。

普通温度表的构造特点是：与球部相通的毛细管内水银柱的高度随着被测物温度的变化而变化，因而可测出任意时刻被测物的温度（见图2-1）。

2）最高温度表

最高温度表用于测量一段时间内出现的最高温度，采用水银温度表。其构造与普通温度表基本相同，但在感应球部的底部固定一枚玻璃针，针尖插入毛细管内使这一段毛细管变窄，如图2-2所示。温度升高时，感应球部受热，球部内的水银体积膨胀，压力增大，迫使水银挤过窄口进入毛细管；温度降低时，感应球部失热，球部内的水银体积收缩，但由于水银体的内聚力小于通过窄口时的摩擦力，毛细管中的水银无法缩回球部，水银柱在窄口处断裂，窄口以上毛细管中的水银柱仍停留在原处。因此，毛细管中的水银柱上端所示的温度，即为过去一段时间内曾经出现过的最高温度。

为了能测到下一段时间内的最高温度，必须调整最高温度表。

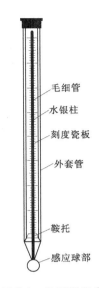

图2-1 普通温度表

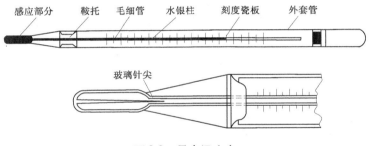

图2-2 最高温度表

调整方法是：用手握住表身，球部向下，瓷板面与甩动方向平行，手臂向外伸出约30°角，用上臂将表在前后45°范围内甩动几次，使毛细管中高于当时气温的一部分水银流回球部，使示度接近于当时的干球温度。调整后，放回时应先放球部，后放表身。

3）最低温度表

最低温度表用于测量一段时间内出现的最低温度，采用酒精温度表。其构造特点是：在毛细管的酒精柱中，有一个可以移动的哑铃状的蓝色（藏青色）小游标，如图2-3所示。其测温原理是：当温度降低时，酒精柱收缩，由于酒精柱凹面的表面张力大于毛细管壁对游标的摩擦力，游标被酒精柱凹面推着向低温方向移动；而当温度升高时，酒精膨胀，由于此时没有酒精柱凹面的表面张力作用于游标，酒精对游标的作用力小于毛细管壁对游标的摩擦力，膨胀的酒精可由游标的周围慢慢通过，而不能带动游标移动，游标仍停留在原处。因此，蓝色哑铃状游标远离感应球部一端所示的温度即为过去一段时间内曾经出现过的最低温度。

为了测量下一段时间内的最低温度，必须调整最低温度表。调整方法是：抬高最低温度表的球部，表身倾斜，游标远离球部的一端滑到与酒精柱面相接触时为止，然后放平温

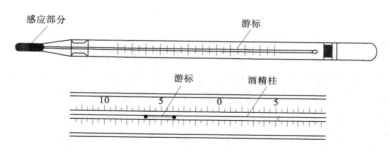

图2-3　最低温度表

度表,即可进行下段时间内最低温度的测量。放回时应先放回表身,后放球部,以免游标下滑。

2. 百叶箱

百叶箱是安装温、湿度仪器用的防护设备,可防止太阳对仪器的直接辐射和地面对仪器的反射辐射,保护仪器免受强风、雨、雪等的影响,并使仪器感应部分有适当的通风,能感应外界环境空气温度和湿度的变化。

百叶箱通常由木质或玻璃钢材料制成,箱体四壁均由两层薄的百叶组成,叶片呈"人"字形排列,叶片与水平面的夹角约为45°,箱底由三块平板组成,中间一块稍高,箱顶为两层平板,上层稍向后倾斜。百叶箱水平安装在一个特制的百叶箱支架上。支架应牢固地固定在地面或埋入地下,支架顶端约高出地面125 cm;埋入地下的部分,要涂防腐油。安装时使百叶箱的箱门对准正北,门下百叶箱支架旁安放一个小的台阶梯,以便观测。

木制百叶箱分为大小两种。小百叶箱(见图2-4)内部高537 mm、宽460 mm、深290 mm,安装干球温度表、湿球温度表、最高温度表、最低温度表和毛发湿度表;大百叶箱内部高612 mm、宽460 mm、深460 mm,安放双金属片温度计、毛发湿度计或铂电阻温度传感器、湿敏电容湿度传感器。

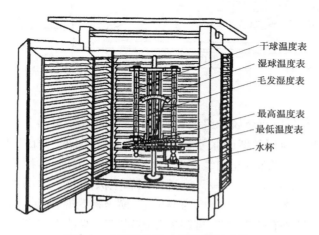

图2-4　小百叶箱及内部仪器的安装

玻璃钢百叶箱内部高615 mm、宽470 mm、深465 mm,用于安装各种空气温度、湿度测量仪器。

3. 温度表的观测读数

在常规地面气象观测中,温度在每天 2 时、8 时、14 时、20 时(北京时间)进行观测。最高温度和最低温度每天观测一次,在 20 时进行,读数后要对最高温度表和最低温度表进行调整。温度表观测的顺序:干球温度表、湿球温度表、最低温度表酒精柱、毛发湿度表、最高温度表、最低温度表游标。

在对温度表进行观测读数时,视线应与毛细管水银或酒精柱的顶端齐平,先读小数,后读整数,精确到一位小数。读取最低温度时视线应平直地对准蓝色哑铃状游标远离感应球部的一端,观测最低温度表酒精柱时,视线应平直地对准酒精顶端凹面中点的位置。观测最高温度表时,应注意表中水银柱有无滑脱离开窄道的现象。若有,应稍抬起温度表的顶端,使水银柱回到正常位置后再读数。

小百叶箱内的观测顺序是:干球温度表、湿球温度表、最低温度表酒精柱、毛发湿度表、最高温度表、最低温度表游标,调整最高温度表和最低温度表。大百叶箱里,先观测双金属片温度计,后观测毛发湿度计,读数后要做时间标记。

4. 温度计

温度计是自动记录气温连续变化的仪器。从自记记录纸上可求得任何时间的气温、极端值(最高值和最低值)及它们出现的时间。温度计由感应部分(双金属片)、传递放大部分(杠杆)、自记部分(自记钟、自记纸、自记笔)组成(见图 2-5)。

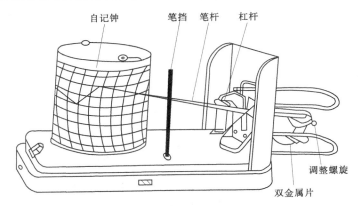

图 2-5　温度计

温度计的感应部分由双金属片组成,金属片一端固定在支架上,一端与自记笔相连,温度变化时,由于两种金属的线膨胀系数不同而引起变形,通过杠杆传递和放大,自记笔在记录纸上刻画出温度升降变化曲线。自记部分包括自记钟、自记笔和自记纸。自记钟内装有类似普通钟表的钟机,钟分一天旋转一圈和七天旋转一圈两种规格。自记纸紧裹在钟筒上,用压纸条压紧。纸的纵坐标为温度值,横坐标为时间线。各种不同型号的温度计,都配有与其规格相符的自记纸。自记笔斗内盛以挥发性很小的特制墨水。由于自记钟不断地运转,温度不断在变化,这时自记笔在自记纸上就连续画出清晰的曲线来。

定时观测时,根据笔尖在自记纸上的位置观测读数,记入观测簿相应栏内,并在自记纸上做时间记号。在换下的自记纸上,要把定时观测的实测值和自记读数分别填在相应的时间线上,自记记录以时间记号为正点。

5. 干、湿球温度表

干、湿球温度表是由两支形状、大小完全相同的温度表组成,放在同一环境中(百叶箱)。一支用来测定气温,叫干球温度表;另一支球部裹着湿润的纱布,为湿球温度表。干、湿球温度表处在同一环境中,在空气湿度未饱和时,湿球纱布水分蒸发,蒸发消耗的热量直接来自湿球温度表的感应球部及球部周围的空气,因此湿球温度表的示数低于干球温度表的示数,其差值称为干湿差。空气湿度越小,湿球纱布水分蒸发越快,消耗的热量越多,干湿差越大;反之,干湿差就越小。因此,可以根据湿球温度和干湿差来确定空气湿度。

湿球纱布上的水分,在单位时间内所蒸发掉的水的质量为 M,根据道尔顿蒸发定律:

$$M = \frac{CS(E'_t - e)}{p} \tag{2-4}$$

式中　S——湿球球部的表面积;

　　　E'_t——湿球温度下的饱和水汽压;

　　　e——当时空气中的水汽压;

　　　p——当时的气压;

　　　C——随风而异的比例系数。

湿球表面蒸发 M g 水分,消耗的蒸发潜热为 Q,则

$$Q = ML = \frac{LCS(E'_t - e)}{p} \tag{2-5}$$

式中　L——蒸发潜热。

另外,由于湿球温度表低于周围气温,要与周围空气进行热量交换;设单位时间内从周围空气吸收的热量为 Q',则

$$Q' = kS(t - t') \tag{2-6}$$

式中　t、t'——干、湿球温度;

　　　k——热量交换系数。

6. 通风干湿表

通风干湿表是一种携带方便、精度较高、常用于小气候观测和野外考察观测测量空气湿度的良好仪器。

1)结构原理

通风干湿表由干球温度表、湿球温度表、通风装置、附件等组成(见图2-6)。温度表球部装在与风扇相通的管形套管中,利用机械或电动通风装置,使风扇获得一定转速,球部处于恒定速度大于或等于 2.5 m/s 的气流中。仪器附件有湿润纱布用的吸储水橡皮囊、防风罩等。由于通风干湿表表面镀有反射性能很好的镍或铬,同时温度表感应球部又处于能防止热传导的双重护管中,所以通风干湿表可以在太阳光下进行观测,是野外观测的常用仪器;但由于有金属机械部分,因此不能在雨天使用,以免机械生锈。

2)观测记录

在进行干湿表读数前约 4 min 时按下列步骤完成读数前的准备工作:

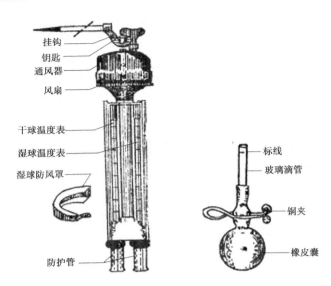

图 2-6　通风干湿表

（1）湿润湿球纱布：用滴管湿润湿球纱布，每湿润一次纱布，白天可维持 8 ~ 10 min，夜间可维持 20 min。

（2）上发条通风：上发条使通风器的风扇开始转动通风，上发条时不要上得过满，以免折断发条。

（3）悬挂：将通风干湿表悬挂在测杆的横钩上，干湿表的感应球部处在所要测量的高度。

（4）先读干球，再读湿球。

（5）查表计算。

当风速大于 4 m/s 时，应将防风罩套在风扇迎风面的缝隙上，使罩的开口部分与风扇旋转方向一致，这样就不会影响风扇的正常旋转。

3）观测注意事项

（1）湿球表面纱布必须经常保持湿润，读数前要适时查看湿球表面纱布情况。如果水分不足应及时加水或进行补充湿润。

（2）使用纯净水：含有杂质的水会使蒸发量减少，使湿球温度表示值升高，影响结果的准确性。

（3）纱布结冻后，必须在每次观测前融冰。

（4）动作迅速。因温度表感应较快，所以读数时动作要迅速，先读小数后读整数，同时注意勿使头、手和灯接近球部，并尽量不要对着温度表呼吸。

（5）复读。观测时要坚持复读，避免发生误读或零上零下的颠倒差错。温度在 0 ℃以下时，记录时应在读数前加负号。

此外，仪器的金属部分，特别是下端防护管的镀镍面应细心保护，使其不要受到任何损伤。每次观测后，应用纱布擦净外壳，并放回盒中。从盒中取出仪器时，应拿着风扇帽盖下的颈部，不要捏在金属护板处，也不能用手触摸防护管。

二、气压的观测

(一)观测原理

气压指大气压强,是指作用在单位面积上的大气压力,即等于单位面积上向上延伸到大气上界的垂直空气柱的重量。气压观测以百帕(hPa)为单位,精确到 0.1 hPa。测量气压的仪器主要有水银气压表、空盒气压表、自记气压计,水银气压表常用的有动槽式(福丁式)和定槽式(寇乌式)两种。通常用水银气压表测量气压,用自记气压计连续记录气压的变化,进行野外观测时则常用空盒气压表。

(二)观测仪器与观测方法

1. 水银气压表

水银气压表是性能稳定、精度较高的气压测定仪器,是利用托里拆利原理制成的。它是用一根一端封闭的玻璃管装满水银,开口的一端插入水银槽中,管内水银柱受重力作用而下降;当作用在水银槽水银面上的大气压强与玻璃管内水银柱作用在水银槽水银面上的压强相平衡时,水银柱就稳定在某一高度上,这个高度就表示当时的气压。

根据压强公式

$$p = \frac{W}{s} = \frac{\rho_0 g_0 V}{s} = \rho_0 g_0 h \tag{2-7}$$

式中　W——水银柱重量;

　　　V——水银柱体积;

　　　s——内管横截面面积;

　　　h——水银柱高;

　　　ρ_0——水银密度;

　　　g_0——重力加速度。

在标准状态($t = 0$ ℃,纬度45°的海平面上)下,由于 ρ_0 和 g_0 是已知量,所以气压只是水银柱高度的函数,用水银柱高度可表示气压。

1)动槽式水银气压表

动槽式水银气压表是由内管、外套管与水银槽三部分组成。主要的特点是有一个"固定零点",每次观测时需将槽内水银面调整到该零点。

内管是一根直径约 8 mm、长约 900 mm 的玻璃管,顶端封闭,底端开口,管内灌满纯净水银后开口端插入水银槽内。

外套管是用黄铜制成的,其作用是保护和固定水银柱内管,同时刻有标尺刻度,用于测定水银柱顶端的高度。套管上部前后都开有长方形窗孔,可以直接观测内管中水银柱顶端。正面窗孔的右侧有刻度标尺,窗孔间装有游尺,转动右侧螺旋可使游尺上下移动。在外套管的中部装有一支附属温度表,用来测量气压表表身的温度。外套管下端与水银槽连接。

水银槽分上、下两部分,上部主要是一个皮囊,用很软的羊皮制成,中间有一个玻璃圈,通过玻璃圈可看见槽内水银面。水银槽上部有一个上木杯,木杯上部用羊皮囊与水银柱内管包扎联结,上木杯下面有一个倒置的象牙针,以象牙针尖作为气压表刻度尺的基点。水银槽下部有一个下木杯,木杯下面包扎一个圆袋状羊皮囊,用来盛装水银,羊皮囊用木托托住,借助槽底调整螺旋来升降羊皮囊,使槽内水银面恰好与象牙针尖接触。它的特性是能通气而不漏水银。

动槽式水银气压表的观测方法:观测附属温度表(附温表),读数精确到 0.1 ℃。当温度低于附温表最低刻度时,应在紧贴气压表外套管壁旁另挂一支有更低刻度的温度表作为附温表,进行读数。调整水银槽内水银面。调整时旋动槽底调整螺旋,直到象牙针尖恰好与水银面相接。用手指轻敲套管,使水银面处于正常位置。调整游尺与读数记录。

2)定槽式水银气压表

定槽式水银气压表的构造与动槽式水银气压表大体相同,由水银柱内管、含读数标尺的外套管和水银槽三部分构成。槽部用铸铁或铜制成,内盛定量水银。槽部无水银面调整装置,刻度尺零点位置不固定,采用补偿标尺刻度的办法,以解决零点位置的变动。

定槽式水银气压表的观测方法:观测附属温度表(附温表),读数精确到 0.1 ℃;用手指轻击气压表表身;调整游尺与读数记录,方法同动槽式水银气压表。

2. 空盒气压表

空盒气压表又称固体金属气压表、变形气压表或弹性压力表,是一种便携式的气压观测仪器,便于携带和使用,适于野外观测。

1)结构

空盒气压表是利用大气作用于金属空盒上(盒内接近于真空)的压力,使空盒变形,通过杠杆系统带动指针,使指针在刻度盘上指出当时气压的数值(见图2-7)。空盒气压表不如水银气压表精确,一般台站只将其作为参考仪器,多用于野外观测。

图 2-7　空盒气压表

2)观测步骤与方法

(1)使用时将空盒气压表水平放置。

(2)读数时用手指轻轻扣敲仪器外壳或表面玻璃,以消除传动机构中的摩擦。

(3)观察时指针与镜面指针相重叠,此时指针所指读数即为气压表示值,读数精确到小数点后一位。

(4)读取气压表上温度表示值(p_s),精确到小数点后一位。

3）示数订正

（1）温度订正：环境温度的变化，将会对仪器金属的弹性产生影响，因此必须进行温度订正。

温度订正值可由式（2-8）计算：

$$\Delta p_t = at \tag{2-8}$$

式中　　Δp_t——温度订正值；

　　　　a——温度系数值（检定证书上附有）；

　　　　t——温度表读数。

（2）示度订正：由于空盒及其传动的非线性，当气压变化时就会产生示值误差，因此必须进行示度订正。

求算方法：根据检定证书上的示度订正值，在气压表示值相对应的气压范围内，用内插法求出订正示值 Δp_s。

（3）补充订正：为消除空盒的剩余变形对示值产生的影响，从检定证书上得到补充订正值 Δp_d。

经订正后的气压值可由式（2-9）示出：

$$p = p_s + (\Delta p_t + \Delta p_s + \Delta p_d) \tag{2-9}$$

三、风向和风速的观测

（一）观测原理

空气的水平运动称为风。风的观测分两部分，即风向和风速的观测。风向是指风的来向，通常是指在观测时间段内出现频数最多的风向，用十六方位法表示。风速是指空气质点在单位时间内移动的水平距离，一般以 m/s 为单位，精确到 0.1 m/s。

（二）观测仪器与观测方法

1. 风向的观测

风向用风向标观测。风向标由头部、水平杆与尾翼三部分组成，整个风向标可绕垂直轴旋转。它的重心正好在转动轴的轴心上。

当风向与风向标成某一交角时，风对风向标产生压力，这个压力可分解成平行于和垂直于风向标的两个分量，由于风向标头部受风的面积较小，尾翼受风面积较大，因而感受的风压不相同，垂直于尾翼的风压产生风压力矩，使风向标绕垂直轴旋转，直到风向标头部正对风的来向时，由于翼板两边受力平衡，风向标就稳定在一定位置上。这样就可测得风向，并以方位杆作为方位坐标。

对风向标的要求是：一要灵敏，二要稳定（指风向标尽量少做惯性摆动）。

2. 风速的观测

风速用风速器观测。风速器的感应部分有压板式风速器、杯型风速器、压力管式风速器、热线微风仪电桥。目前，气象台站普遍使用杯型风速器。

杯型风速器的杯是由三个或四个半球形（或圆锥形）金属杯固定在一个架子上，而架子装在一个可以自由转动的轴上，所有风杯都顺一面。风吹时，风杯就顺着球形（圆锥）凸面方向自由旋转。

根据风杯每秒钟转的圈数(转速)就可以确定风速的大小。风杯转速通常是根据机械装置的指针读数或电传装置来测量的。下面是电传风速仪的风速公式:

$$V = 2\pi rkn \tag{2-10}$$

式中　r——风杯转动半径,$r = 14.75$ cm;

　　　k——实验常数,$k = 2.65$;

　　　n——风杯转动频率(每秒风杯转动圈数)。

$2\pi rk$ 为常数,V 与 n 成正比。

3. 轻便三杯风向风速表

1)组成

轻便三杯风向风速表用于测量风向和一分钟内的平均风速。轻便三杯风向风速表由风向仪、风速表、手柄三部分组成(见图2-8)。

风向仪:包括风向指针、方位盘、制动小套管部件。

风速表:由十字护架、感应组件旋杯和风速表主机体组成。旋杯是风速表的感应元件,它的转速与风速有一个固定的关系。风速表主要就是根据这个基本原理制成的。

手柄:由一段空心管和一个带螺纹的零件组成。以上三部分可以通过螺纹连接在一起。

2)观测方法

风向风速表可以手持使用,也可安置在固定地点使用。安装高度以便于观测为限,并保持仪器垂直,机壳侧面向风。观测时将制动小套管拉下再右转一角度,此时方位盘就可以按地磁子午线的方向稳定下来。风向指针与方位盘所对的读数就是风向。如果指针摆动,可读摆动的中间值。

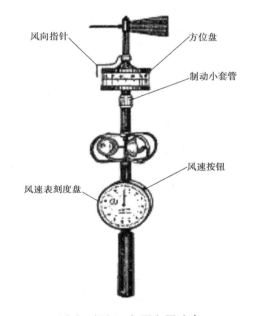

图2-8　轻便三杯风向风速表

用手指压下风速按钮,风速指针就回到零位。放开风速按钮后,红色时间小指针就随风速指针开始走动,经一分钟后铜指针停止转动。接着时间指针转到最初位置也停止下来,结束了风速的测量。风速指针所示数值称为指示风速。以这个风速值从风速检定曲线图中查出实际风速值即为所测的平均风速。如欲进行下一次观测,只要再压一下风速按钮就可以了。

当观测完毕时,务必将小套管向左转一角度,使其恢复到原来位置,这时方位盘就可以固定不动。小心地将风向仪和手柄退下,放入仪器盒内。

3)维护

(1)保持仪器清洁、干燥。若仪器被雨、雪打湿,使用后须用软布擦拭干净。

（2）仪器应避免碰撞和震动。非观测时间,仪器要放在盒内,切勿用手摸风杯。

（3）平时不要随便按风速按钮,计时机构在运转过程中亦不得再按该按钮。

（4）轴承和螺帽不得随意松动。

（5）仪器使用 120 h 后,须重新检定。

四、地温的观测

（一）观测原理

下垫面温度和不同深度的土壤温度统称为地温。下垫面温度包括裸露土壤表面的地面温度、草面(或雪面)温度以及最高温度、最低温度。浅层地温包括距地面 5 cm、10 cm、15 cm、20 cm 深度的地中温度。深层地温包括距地面 40 cm、80 cm、160 cm、320 cm 深度的地中温度。地温以摄氏度(℃)为单位,取一位小数。测定浅层土壤温度用曲管地温表,较深层土壤温度用直管地温表。

（二）观测仪器与观测方法

1. 曲管地温表

曲管地温表用于测量浅层土壤温度,以水银作为测温液体,在曲管地温表表身靠近感应球部处弯曲成 135°的折角,如图 2-9 所示。一套曲管地温表通常有四支,分别测量距地面 5 cm、10 cm、15 cm、20 cm 深度的浅层土壤温度,测量的深度越深,表身的长度越长,在安装时曲管地温表的示数部分都能露在地面上,以便于观测读数。

5 cm

10 cm

15 cm

20 cm

图 2-9 曲管地温表

2. 直管地温表

直管地温表用来测量距地面 40 cm、80 cm、160 cm 和 320 cm 等深度的土壤温度,以水银作为测温液体。直管地温表装在带有铜底帽的管形保护框内,保护框中部有一长孔,使温度表刻度部位显露,便于读数。球部周围用热容量较大的铜屑充塞并用铜质螺帽封牢,这样可减小读数过程中温度表示度的变化速度,保证读数客观准确。保护框的顶端连接在一根木棒上,整个木棒和地温表又放在一个硬橡胶套管内,木棒顶端有一个金属盖,恰好盖住橡胶套管,盖内装有毡垫,可阻止管内空气对流和管内外空气交换,以及防止降水及其他物质落入(见图 2-10)。

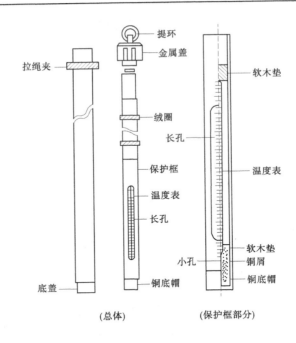

图 2-10 直管地温表

3. 观测与记录

地温表的观测顺序是：地面普通温度表,地面最低温度表酒精柱,地面最高温度表,地面最低温度表游标,距地面 5 cm、10 cm、15 cm、20 cm 深度曲管地温表,调整地面最高温度表和最低温度表。最低温度表每天 8 时和 20 时两次观测读数。在高温季节时,最低温度在 8 时观测,观测后将地面最低温度表收回,放在阴凉处或室内,20 时观测时再放回原处;但在出现雷雨天气时应及时将最低温度表放回原处;在冬季地面积雪时,应将地面温度表从雪中取出,水平安放在未被破坏的雪面上,对雪面温度进行观测和读数。

直管地温表从套管中迅速取出读数,并用身影遮住温度表,不得用手握住球部。观测后将表轻轻插回套管,盖好顶盖。如遇雨天,为不使雨水落入直管地温表的套管中,可以适当延迟直管地温表的观测。有积雪时,直管地温表照常观测,在积雪较深的地区,应事先在管外再附加一个套筒,并加顶盖。

第二节 气象要素资料整理分析与计算

对气象要素进行观测后,必须对资料进行加工整理,归纳统计,最后进行分析与计算,这样才能了解气象要素的变化特点及规律,从而研究这些要素与生产生活的关系。按照各要素的物理性质和统计原理,各指标应具有充分的准确性、时间和空间上的可比较性、地区代表性以及一定程度的关联性。

一、气象要素统计

（一）日总量统计

降水量、蒸发量、日照时数观测的是日总量，不统计平均值。

（二）月极值及出现日期的挑选

最高、最低气温；地面最高、最低温度等气象要素的月极值及出现日期，分别从逐日相关栏中挑取，并记其相应的出现日期。

（三）月日照百分率的计算

月日照百分率是指某月日照总时数占该月可照时数的百分比，即

$$某月日照百分率 = \frac{某月日照总时数}{该月可照时数} \times 100\% \qquad (2\text{-}11)$$

月日照百分率取整数，小数四舍五入。日照时数由日照记录纸，或自动观测的打印数据纸中得到。可照时数则依该地所在纬度由《气象常用表》（第三号）第七表查取。

（四）风向、风速资料的整理与分析

1. 风向、风速资料统计

根据定时风向、风速观测值，分别统计出各个风向定时的风速合计及出现的回数，填入相应表格中，按式（2-12）求出某风向月平均风速：

$$某风向月平均风速 = \frac{该风向的风速月合计}{该风向出现回数的月合计} \qquad (2\text{-}12)$$

各风向月平均风速取一位小数。

月某风向频率，是指月内该风向出现的次数占全月各风向（包括静风）记录总次数的百分比，按式（2-13）计算：

$$月某风向频率 = \frac{该风向出现回数的月合计}{全月各风向记录总次数} \times 100\% \qquad (2\text{-}13)$$

风向频率取整数，小数四舍五入。某风向未出现，频率栏中空白。

2. 风速、风向频率玫瑰图

风速、风向频率玫瑰图是根据某月（或某年）的风速、风向频率值资料，采用极坐标（以极角表示风向、以半径表示频率和平均风速）绘制而成，见图2-11。它能清晰、直观地显示出某个方向的风速大小及某风向出现频率的大小，其绘制步骤如下：

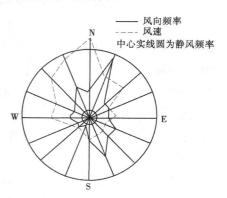

图2-11　风速、风向频率玫瑰图

（1）以一中心作圆，将圆周16等分，通过圆心作16条射线，表示16个方位，然后按一定的比例将风向频率点在相应方向的线段上，线段长度与频率成正比，如用2 cm表示频率10%。再将各点用实折线连接起来。以静风频率为半径画一圆，此圆表示静风频率。这样就绘出了风向频率玫瑰图。

（2）在风向频率玫瑰图上,将计算出的各风向平均风速,按一定比例点在相应方向线段上,线段长度与平均风速成正比,如用 1 cm 表示 1 m/s 风速,再将各点用虚折线连接起来。

注意要把风向频率实折线与平均风速虚折线（也可用不同粗细或不同颜色的线）明显区分开。这样就绘出了风矢量（风速）玫瑰图。

（3）风向频率还可以与其他气象要素结合起来（如天气现象）绘制玫瑰图,用来预报或提供某风向出现某要素（天气现象）的可能变化。

二、各观测项目的记录单位及记录要求

在气象要素整理分析中,各观测项目的记录单位及记录要求见表2-1。

表 2-1　各观测项目的记录单位及记录要求

观测项目	单位	记录要求	备注
辐射通量密度	W/m^2	取整数	
光照度	Lux（lx）	取整数	
日照时数	h	取一位小数	
日照百分率	%	取整数	
温度	℃	取一位小数	0 ℃以下加"－"号
水汽压	hPa	取一位小数	
相对湿度	%	取整数	
露点温度	℃	取一位小数	0 ℃以下加"－"号
降水量	mm	取一位小数	不足 0.05 mm 记"0.0"
蒸发量	mm	取一位小数	不足 0.05 mm 记"0.0"
雪深	cm	取一位小数	平均雪深不足 0.5 cm 记"0.0"
降水强度	mm/h	取一位小数	
雪压	g/cm^2	取一位小数	
积雪日数	d	取整数	
初终霜时期	日期	取整数	
霜期、无霜期	d		
冻土深度	cm	取整数	上下不足 0.5 cm 记"0"
气压	hPa	取一位小数	
风向或方位		取整数或一个方位	静风记"C"
风速	m/s	取一位小数	电接风向风速计指示器读数取整数
云量	成（十成法）	取整数	平均值取一位小数
云底高度	m	取整数	
能见度	km	取一位小数	第二位小数舍去
天气现象		现象符号	取一位小数

三、观测数据的整理分析

观测结束后,每位学生将各自对气象要素的观测数据汇总为 24 h 的,即每位同学统计分析的数据必须为一昼夜的数据,然后对每一个气象要素按下面的要求进行分析。

(一)气温数据的整理与分析

(1)制表整理,见表 2-2。

表 2-2　气温的观测记录

序号	观测项目	观测时间					
		08:00	09:00	10:00	…	06:00	07:00
1	百叶箱干球温度(℃)				…		
2	距地面 20 cm 高度处通风干湿表的干球温度(℃)				…		
3	距地面 50 cm 高度处通风干湿表的干球温度(℃)				…		
4	距地面 100 cm 高度处通风干湿表的干球温度(℃)				…		
5	百叶箱最高温度(℃)				…		
6	百叶箱最低温度(℃)				…		

(2)计算并得出不同高度气温的日平均值和日较差。先制表后作图并进行分析。

(3)比较 1.5 m 高度处气温最高值与其他高度气温的最高值,计算差值并进行分析。

(4)比较 1.5 m 高度处气温最低值与其他高度气温的最低值,计算差值并进行分析。

(二)湿度数据的整理与分析

(1)制表整理,见表 2-3。

表 2-3　湿球温度的观测记录

序号	观测项目	观测时间					
		08:00	09:00	10:00	…	06:00	07:00
1	百叶箱湿球温度(℃)				…		
2	距地面 20 cm 高度处通风干湿表的湿球温度(℃)				…		
3	距地面 50 cm 高度处通风干湿表的湿球温度(℃)				…		
4	距地面 100 cm 高度处通风干湿表的湿球温度(℃)				…		

（2）根据百叶箱干球、湿球温度和气压，查算或计算各观测时间的饱和水汽压、实际水汽压、绝对湿度、饱和差、相对湿度和露点温度，制表。

（3）根据通风干湿表的温度，查算不同高度（20 cm、50 cm 和 100 cm）的相对湿度。

（4）作图比较分析 20 cm、50 cm、100 cm 和 150 cm 不同高度相对湿度的日变化。

（三）气压数据的整理与分析

（1）制表整理数据，见表 2-4。

表 2-4　气压的观测记录

序号	观测项目	观测时间					
		08：00	09：00	10：00	…	06：00	07：00
1	气压（hPa）				…		
2	气压附属温度（℃）				…		
3	订正后的气压（hPa）				…		

（2）对观测得到的气压数据进行温度订正。

（3）分析气压的日变化规律。

（四）风向、风速数据的整理与分析

（1）制表整理，见表 2-5。

表 2-5　风的观测记录

序号	观测项目	观测时间					
		08：00	09：00	10：00	…	06：00	07：00
1	10 m 高度风速（m/s）				…		
2	10 m 高度风向				…		
3	距地面 1.5 m 高度风速（m/s）				…		
4	距地面 1.5 m 高度风向				…		

（2）根据观测数据指出 24 h 内的主导风向及其平均风速。

（五）地面和浅层土壤温度数据的整理与分析

（1）制表整理，见表 2-6。

表 2-6　地面和浅层土壤温度的观测记录

序号	观测项目	观测时间					
		08：00	09：00	10：00	…	06：00	07：00
1	地面温度（℃）				…		
2	地面最高温度（℃）				…		
3	地面最低温度（℃）				…		
4	土壤 5 cm 土温（℃）				…		
5	土壤 10 cm 土温（℃）				…		
6	土壤 15 cm 土温（℃）				…		
7	土壤 20 cm 土温（℃）				…		

（2）计算并得出不同深度地温的日平均值和日较差。先制表后作图并进行分析。

（3）比较地面最高温度与 5 cm、10 cm、15 cm 和 20 cm 深土壤温度的最高值,计算差值并进行分析。

（4）比较气温最低温度与 5 cm、10 cm、15 cm 和 20 cm 深土壤温度的最低值,计算差值并进行分析。

第三章　地质地貌及水文地质调查实习

第一节　地质地貌调查基本方法

一、地形地貌的野外调查方法

地貌调查是指在野外对地貌进行直接的观察和描述。它是研究地貌的基本方法,通常是沿选择的路线不断进行观察,并在沿线选择观测点、记载观察和测绘的结果。其调查内容包括地貌形态描述、形态测量、成因、物质组成、现代作用过程、剖面图、素描图和照片等。在进行地貌调查前,应先结合调查区的地形图、航空照片、卫星照片等资料综合研究,以对全区地质、地貌有一总的概念,为确定考察计划和路线提供依据。

（一）地貌形态的测量与描述

一般首先叙述大的地貌类型的形态组合,然后叙述次一级的地貌形态特征,如山岭、河谷、洪积扇等。接着描述阶地,如倒石堆、沙丘、冰斗和沟谷等更小的形态类型。最后要描述组成地貌的各个形态要素的形态特征,如山峰、山脊、山坡、阶地面等。

对地貌形态的描述和测量应包括其几何轮廓特征（如扇形、阶梯形、三角形等）,分布的位置（平面相对位置、绝对高程、相对高程等）,形体或面积的大小（长、宽、高）以及表面起伏的变化（如坡形、坡度、坡长、切割深度、切割密度）等内容,其中许多数据可根据地形图测出。

（二）地貌物质结构的观测与描述

地貌的形态特征与它的物质结构关系极为密切,因此在地表露头较好的地点,必须进行地表物质的详细观测和记录。其主要内容包括岩石的名称、性质、结构,风化物特征、岩层或岩体的产状、与相邻层位的接触关系、各种构造现象等。一般是由表及里、由上往下逐层记录,尽可能搞清地层的年代、成因、层序和分布规律。更重要的是搞清它们对地貌形成和发育的影响。

（三）现代地貌过程的观测

现代地貌过程对工程建设、人们的生产和生活有着很大的影响。通过对现代外力地貌过程（如崩塌、滑坡、泥石流、河岸的冲刷、水土流失、沙丘的移动和泥沙的沉积等）的观测和研究,可以分析地貌的形成、地貌发育所处的阶段以及地貌过程进行的强度,从而可以预测它们对人们生产和生活的危害,并提出防治措施。

自然界任何地貌现象都不是孤立存在的,它们的产生、发展或消亡,都和整个自然界其他因素（如气候、水文、植被、土壤、地质等）有着密切的联系。所以,在野外观测现代地貌过程时,必须注意观察其他自然现象对现代地貌过程的影响。

（四）地貌成因类型的确定

分析地貌成因的途径很多。如可进行地貌形态特征及其空间分布规律的分析；地貌形态与岩性构成及其厚度、结构、构造等关系的分析；地貌类型及其相关沉积物的分析；地貌动力过程与自然地理（古地理）环境的分析；地貌发育与地质条件、地壳运动等因素关系的分析等。地貌是内外营力相互作用于地表的结果。不同等级的地貌形成的主导营力常常是不同的。即使相同等级或相似的地貌形态，也可能是由不同营力形成的，而且在它们形成的整个历史过程中，其主导营力和过程还常常是不断变化的。

（五）地貌相对年龄的确定

地貌的年龄也就是地貌形成的时代。地貌的相对年龄是指地貌形成的先后次序。地貌相对年龄，主要是通过查清各种地貌类型形成的先后次序，通过与地貌发育有关的地层顺序来确定的。

二、矿物与岩石的野外调查方法

（一）矿物、岩石概述

岩石是构成地壳的物质基础，它是由一种或几种矿物组成的自然集合体。按其成因，可分为岩浆岩、沉积岩和变质岩三大类别。在野外，岩石分布并非杂乱无章，而是与地球的演化密切相关，随着区域、地质时代的不同有规律地分布。在岩石圈范围内，岩浆岩、变质岩占总体积的95%，沉积岩仅占5%，但却涵盖了大陆表面的70%，海底则几乎全部为沉积物覆盖。沉积岩中，碎屑岩、碳酸盐岩、黏土岩共占总量的99%，其他可燃有机岩、硅质岩、铁质岩、铝质岩及盐类仅占很少比例。

矿物是组成岩石的基本单位。目前地球上已被发现的矿物总数已达3300余种，我们在课堂实验室内所见到的还不到1%，如此多的矿物如何才能辨认过来？其实与人类关系密切的仅200余种。其中，长石、石英、橄榄石、辉石、角闪石、云母、黏土矿物、方解石等是常见的造岩矿物，它们占地球上矿物总量的90%以上。其余如硫化物、氧化物、卤化物等一般少见，只在一定区域、一定地质时代、富集到一定程度形成金属或非金属矿产。

（二）基本观察鉴定方法

（1）掌握矿物岩石基本知识和识别方法理论知识，掌握不同类型矿物岩石实验室特征。通过运用学过的矿物岩石的知识和方法，在不断的实践中积累经验，就会认识越来越多的矿物和岩石，识别能力会愈来愈强。

（2）观察时首先要用地质锤敲开岩石的新鲜面再进行其他工作，否则其风化表面会使观察产生错误的认识。

（3）观察岩石的颜色。对岩石颜色的描述十分重要。一般地说，岩浆岩和变质岩的颜色往往与其暗色矿物（如橄榄石、辉石、角闪石、黑云母等，它们都是含有 Fe^{2+} 的硅酸盐矿物）含量有关。含量愈高，颜色愈深。岩浆岩从超基性岩至酸性岩颜色逐渐变浅，这是暗色矿物含量渐少，而长石、石英等浅色矿物含量渐高的缘故。因此，在观察岩浆岩、变质岩的过程中，对颜色的正确描述有助于岩石类型的识别。而沉积岩中，深色岩层系是其富含有机质所致。

（4）对肉眼无法判断的特征和性质，可借助一些简单的工具，如锤子、放大镜、小刀、

5%的稀盐酸等,确定岩石的矿物成分、结构、构造等特征。比如用小刀可以区分硬度为6级上下的矿物,如方解石和石英。如遇石膏和滑石,指甲刻划即可识别。矿物之间相互刻划可判断它们的相对硬度大小。用稀盐酸可以区别方解石与其他矿物。一般放大镜可将岩石中细小的矿物颗粒放大10倍,能够观察其成分、结构等。

（5）注意古生物化石的观察。野外岩石在纵向、横向上会发生变化。观察时应注意上、下、左、右追索一下,观察它们的变化。这样才能全面认识岩石及其组合特征。

（6）分项逐条记录观察内容在笔记本上,记录应实事求是,以实际观察情况为主。

（三）实习区常见矿物

实习区内地层发育较齐全,岩浆活动频繁,地质构造复杂,成矿条件优越,矿产资源较为丰富。秦皇岛市境内矿产资源较丰富,种类较齐全,目前已发现各类矿产56种,已开发利用26种,已探明储量22种,主要有金、铁、水泥灰岩、玻璃用白云岩及非金属建材等,常见造岩矿物有长石、石英、云母、辉石、角闪石、磁铁矿、方解石、白云石等。

（四）实习区常见岩石及鉴定方法

1. 沉积岩

1）沉积岩的分类及命名

沉积岩是在地表的温度、压力下,在水、大气、生物、生物化学及重力作用下由风化的碎屑物和溶解的物质经过搬运作用、沉积作用和沉积后的成岩作用而形成的岩石。其分类和命名情况见表3-1。

表3-1　沉积岩的分类及命名

分类		碎屑粒度(mm)或物质成分	岩石名称	结构特征		物质来源	沉积作用
碎屑岩类	沉积碎屑岩	>2	角砾岩	角砾状结构		母岩物理风化碎屑产物	机械沉积作用为主
			砾岩	砾状结构			
		0.5~2	粗砂岩	粗粒砂状结构			
		0.25~0.5	中砂岩	中粒砂状结构			
		0.1~0.25	细砂岩	细粒砂状结构			
		0.01~0.1	粉砂岩	粉砂状结构			
黏土岩类	泥页岩	<0.01	页岩	泥质结构	块状构造	母岩风化过程中形成的新生矿物——黏土矿物	化学及生物沉积作用为主
			泥岩		页理构造		
化学岩类	钙镁碳酸岩	钙镁碳酸岩	石灰岩	结晶结构(有生物结构)		母岩化学风化的溶液及生物生命活动的产物	化学及生物沉积作用为主
			白云岩				

本区主要可见陆源碎屑岩和碳酸盐岩两大类。陆源碎屑岩是母岩机械破碎的产物经机械搬运、沉积和成岩作用所形成的由碎屑颗粒和填隙物所组成的岩石,据粒度大小可分

为砾岩、砂岩、粉砂岩和黏土岩四类;碳酸盐岩是沉积形成的碳酸盐矿物组成的岩石的总称,主要为石灰岩和白云岩两类,实习区灰岩可见砾屑灰岩、豹皮灰岩、泥质条带灰岩、泥纹层灰岩、含燧石结核燧石条带白云质灰岩、含生物碎屑灰岩等。

2)沉积岩野外鉴定方法

(1)观察构造:层理、层面构造特征,确定岩石类型。

(2)观察结构:矿物颗粒大小、磨圆度、分选性、胶结方式。

(3)观察成分:矿物成分、含量、基质或胶结物的成分含量。

(4)岩石命名:碎屑岩命名采用成分 + 结构的原则,如石英砂岩;黏土岩类因为矿物颗粒细小,肉眼难以确定其成分,一般命名采用特征结构或构造命名,如泥岩、页岩;化学岩类命名采用特征(化石、结构) + 成分,如生物碎屑石灰岩。

2. 岩浆岩

1)主要岩浆岩的分类和特征

岩浆岩是由地壳内部上升的岩浆侵入地壳或喷出地表冷凝而成的,又称火成岩。岩浆主要来源于地幔上部的软流层,按其活动又分为侵入岩和喷出岩(见表3-2)。未达到地表的岩浆冷凝而成的岩石叫侵入岩。喷出岩是在岩浆喷出地表的条件下形成的,温度低,冷却快,常成玻璃质、半晶质或隐晶质结构,具有气孔、流纹等构造。

表 3-2　岩浆岩的分类及命名

按化学成分分类		酸性岩类	中性岩类		基性岩类	超基性岩类
SiO$_2$含量(%)		>65	52 ~ 65		45 ~ 52	< 45
颜色		浅色:肉红色、灰白色		深色:灰黑色、黑绿色、绿色及黑色		
矿物成分	主要矿物成分	石英、正长石	正长石	斜长石、角闪石	斜长石、辉石	橄榄石、辉石、角闪石
	次要矿物成分	云母	角闪石、云母	云母	角闪石	
产状	构造	结构	岩石类型			
喷出岩	块状、气孔状	玻璃质	黑曜岩、浮岩、珍珠岩			
	块状、气孔状、杏仁状、流纹状	隐晶质斑状	流纹岩	粗面岩	安山岩	玄武岩	金伯利岩
侵入岩	块状(浅成)	似斑状	花岗斑岩	正长斑岩	闪长玢岩	辉绿岩	苦橄玢岩
	块状(深成)	等粒	花岗岩	正长岩	闪长岩	辉长岩	橄榄岩、辉岩

2)岩浆岩野外鉴定方法

(1)观察岩石在野外的产状、岩石的结构和构造;确定岩石类型:深成岩、浅成岩还是喷出岩。

(2)观察岩石的颜色,以初步判定其所属的岩石化学成分分类:浅色岩石常是酸性或中性岩类,深色的岩石常是基性或超基性岩类。

（3）观察岩石的主要矿物成分。

（4）按表 3-2 定出岩石名称。

3. 变质岩

变质岩是由变质作用形成的,变质作用可分为接触变质作用、动力变质作用、区域变质作用和混合岩化等几种类型。在实习区,重点观察因混合岩化作用而形成的混合花岗岩、角岩和板岩。混合岩化类型即所谓的绥中花岗岩,在张岩子村附近和北戴河海滨及联峰山公园等地,其岩石类型有角砾状混合岩(脉体为斜长角石岩或角闪石岩,基体为片麻岩、浅粒岩或片岩等)、条带状混合岩或球状混合岩。

1）变质岩常见类型及特征

常见变质岩的鉴定特征主要从构造、矿物成分、一般特征、产状及分布几个方面进行。下面是常见的几种变质岩类型。

板岩:板状构造。矿物成分肉眼难辨认,含变质矿物绢云母、绿泥石。外表多为深灰色到黑色,大部为隐晶质,致密结构,可分裂成薄层的石板。击之,有清脆的石板声。板石具光泽。浅变质,重结晶作用不明显,未出现新矿物。

大理岩:块状构造。矿物成分为方解石、白云石,有时含石墨、蛇纹石、橄榄石、石英、云母等。外表多为白色,因含杂质而呈各种不同的颜色和花纹,遇冷稀盐酸起泡,硬度3~3.5。由接触热液变质及区域变质而成。

石英岩:块状构造。矿物成分为石英。纯者为白色,含杂质而呈灰、黄、红等色,具油脂光泽,坚硬,抗风化力强。一般多为沉积石英砂岩,由石英岩接触变质或区域变质而成。

混合岩:条带状、眼球状构造。矿物成分变化大,成分复杂。变质程度不同,岩浆岩与变质岩相互混合,经交代重结晶而成,成为角砾状、条带状、眼球状混合岩,变质岩基体少时,称混合片麻岩。

千枚岩:千枚状构造。矿物成分主要为绢云母、绿泥石。重结晶显著,多组片理,矿物定向排列,石英重结晶。深变质带。

2）变质岩的一般命名原则

变质岩的基本名称主要依据结构、构造和主要矿物成分而定,其详细命名采用颜色 + 特征的结构、构造 + 矿物成分 + 基本名称。矿物成分参加命名时,含量大于 15% 的直接参加命名;含量为 5% ~15% 的在矿物名称前加"含"字;含量小于 5% 的矿物一般不参加命名,但特征变质矿物应参加命名,在矿物名称前加"含"字,如银灰色石榴石白云母片岩。当参加命名的矿物较多时,矿物名称可略写,如含硅线石十字石石榴斜长片麻岩。

3）变质岩野外鉴定方法

（1）观察岩石在野外的产状、岩石的结构和构造。

（2）观察岩石的颜色,以初步判定其所属的岩石化学成分。

（3）观察岩石的主要矿物成分。

（4）按变质岩常见类型及特征定出岩石类型,并初步进行岩石命名。

三、地质构造的野外观测与分析

(一)褶皱的野外观察与研究

在野外地质调查或填图过程中,对褶皱这一最基本的构造形迹进行观察与研究,是揭示某一地区的地质构造及其形成和发展的基础,故通常被野外地质工作者所注重。

1. 褶皱位态分类

褶皱空间位态主要取决于轴面和枢纽的产状,根据轴面倾角和枢纽倾伏角将褶皱分成七种类型(见表3-3)。

表3-3　褶皱位态分类简表

序号	类型	特征	
		轴面倾角	枢纽倾伏角
Ⅰ	直立水平褶皱	80°~90°	0°~10°
Ⅱ	直立倾伏褶皱	80°~90°	10°~70°
Ⅲ	倾竖褶皱	80°~90°	70°~90°
Ⅳ	斜歪水平褶皱	20°~80°	0°~10°
Ⅴ	斜歪倾伏褶皱	20°~80°	10°~70°
Ⅵ	平卧褶皱	0°~20°	0°~20°
Ⅶ	斜卧褶皱	轴面及枢纽的倾向、倾角基本一致;前者倾角20°~80°,后者在轴面上的侧伏角为20°~70°	

2. 褶皱观察内容

野外对褶皱研究首先是几何学的观察,目的是查明褶皱的空间形态、展布方向、内部结构及各个要素之间的相互关系,建立褶皱的构造样式,进而推断其形成环境和可能的形成机制。其观察研究要点可概括为以下几个方面。

1)褶皱识别

空间上地层的对称重复是确定褶皱的基本方法。多数情况下,在一定区域内应选择和确定标志层,并对其进行追索,以确定剖面上是否存在转折端,平面上是否存在倾伏端或扬起端。在变质岩发育且构造变形较强地区,要注意对沉积岩的原生沉积构造进行研究,以判定是正常层位或倒转层位;利用同一构造期次形成的小构造对高一级构造进行研究恢复。

2)褶皱位态观测

褶皱位态由轴面和枢纽两个要素确定。对于直线状枢纽或平面状轴面,只需测量其中一个要素就可以确定褶皱的方位,但不能确定其位态,因为具有相同枢纽方位的褶皱可能具有不同的位态,轴面可以是曲面,枢纽也可以是曲线。

3)褶皱剖面形态

褶皱形态一般是在正交剖面上进行观察和描述的。由于露头面不规则和褶皱本身形态、位态等方面的复杂性而使褶皱轮廓可能呈现出一个多解的画面(畸变面),故观察视线应与枢纽保持一致,沿其倾伏下视进行。只有对不同位置、不同方向出露的形象进行综合分析才能得出褶皱的真实形态。对褶皱横剖面形态的研究应侧重于枢纽、轴面、转折端形态、翼间角、包络面以及波长和波幅等褶皱要素、参数的观察、测量和描述。根据情况可自行设计表格,将上述诸项信息存集备用。

(二)断裂的野外观察与研究

断裂的性质、特征及发育规模,在很大程度上将可能控制某一地区的地质复杂程度,一些大断层亦可能构成某一区段基本地质构造格架。因此,野外对断裂构造的研究已成为地质调查或地质填图的一项重要内容之一。

1. 断层常用分类方案

断层常用分类方案如表3-4所示,但实际上其分类涉及诸如地质背景、运动方式、力学机制和各种几何关系等,故可有各种不同方案。

表3-4 常见断层分类简表

分类依据	类型		
据两盘运动特点	正断层		
	逆断层	高角度逆断层:倾角一般大于45°	
		低角度逆断层:倾角一般小于45°	
		逆冲逆断层:位移显著	
	平移断层	左旋平移断层	
		右旋平移断层	
	平移-逆断层:以逆断层为主,兼平移性质		
	平移-正断层:以正断层为主,兼平移性质		
	逆-平移断层:以平移为主,兼逆断层性质		
	正-平移断层:以平移为主,兼正断层性质		
据断层走向与岩层走向关系	走向断层:断层走向与岩层走向基本一致		
	倾向断层:断层走向与岩层倾向基本一致		
	斜向断层:断层走向与岩层走向斜交		
	顺层断层:断层面与岩层面等原生地质界面基本一致		
据断层走向与褶皱轴向或与区域构造线之间的几何关系	纵断层:断层走向与褶皱轴向或区域构造线基本一致		
	横断层:断层走向与褶皱轴向或区域构造线基本直交		
	斜断层:断层走向与褶皱轴向或区域构造线基本斜交		

注:据张克信,庄育勋,李超岭,等.青藏高原区域地质调查野外工作手册[M].武汉:中国地质大学出版社,2001.略修改补充。

2. 断层的识别

野外实践证明,并非所有的断层要素如断层面、断层破碎带等都能清楚地暴露于地表,故判别断层存在与否是一项细致的工作。通常采用不同尺度的构造观察相结合,遥感解译与实地验证相结合,路线地质与地质填图相结合,区域调查与专题研究相结合等手段并利用多方面标志进行综合判断方能确定。主要识别标志见表3-5。

表3-5 断层野外识别标志

识别标志	举例
地貌标志	断层崖、断层三角面、错断的山脊、泉水的带状分布等
构造标志	线状或面状地质体突然中断和错开、构造线不连续、岩层产状突变、节理化和劈理化狭窄带的突然出现以及挤压破碎、擦痕和阶步发育等
地层标志	地层的缺失或不对称重复
岩浆活动和矿化作用	串珠状岩体、矿化带、硅化带和热液蚀变带沿一定方向断续分布
岩相和厚度标志	岩相和厚度突变

3. 断层观察要点

断层观察内容较多(见表3-6),现择表中要点介绍。

表3-6 断层野外观察内容

调查对象	观察方法和内容
断层两盘的地层及其产状变化	如走向断层的地层效应、横向断层的地层效应等
断层面产状	直接测量,根据"V"字形法则判定,借助于伴生构造判定
断层两盘的相对运动方向	根据两盘地层的新老关系、牵引褶皱、擦痕、阶步、羽状节理、两侧小褶皱、断层角砾岩等
断层带的宽度	直接测量或在图面求出等
断层岩类型	参考变质岩相关内容
断层的组合形式	如正断层的地堑和地垒、阶梯状断层;逆断层的单冲型、背冲型、对冲型、楔冲型、双冲型

1)断层面(带)产状的观测

断层面出露地表且较平直时,可以直接测量或利用"V"字形法则判断。但多数情况下常表现为一个破碎带,往往比较杂乱或被掩盖而不能直接测量,此时可在与之伴生的节理、片理产状测量统计数据的基础上,综合钻孔资料或物探资料,用三点法、赤平投影等推断确定。

另外,在确定断层面产状时,应考虑到其沿走向和倾向可能发生变化,如逆冲断层的波状变化;受岩性、深度、构造应力强度、应变速度以及后期改造等因素影响亦会导致产状发生某些变化。

2)断层两盘相对运动方向的确定

确定断层两盘的运动方向,野外常根据以下几方面进行判断:

(1)断层两盘地质体错开的位置。

（2）断层两盘地层的新老关系。一般情况下，对于走向断层，老地层出露盘常为上升盘。

（3）断层面上的擦痕和阶步。擦痕是断层两盘相互错动而留在断层面上的痕迹，常表现为平行而细密的线状。"丁"字形擦痕常为一端粗而深另一端细而浅，轴粗而深向细而浅的方向指示断层面对盘和滑动方向。阶步是在断层面上与擦痕方向正交的微细陡坎。它是因顺擦痕方向局部阻力的差异或断层间歇运动的顿挫形成的，包括正阶步和反阶步。正阶步的陡坎一般面向对盘的运动方向。

（4）根据断层两盘的派生构造由于主断层的相对错动，在断层的一盘或两盘产生羽状剪切破裂进行运动方向的确定。剪切破裂有时一组发育，有时两组呈共轭形式产出。其中一组剪切破裂与主断层夹角小于45°，大约为15°，其破裂运动方向与主断层运动方向相同，它们与主断层所夹锐角指示剪切破裂所在盘运动方向；另一组剪切破裂与主断层夹角大于45°，其所夹锐角仍然指示所在盘的运动方向。

第二节　　地质地貌调查基本技能

一、罗盘的结构及使用

地质罗盘仪（简称罗盘）是野外地质工作必不可少的工具，被地质工作者称为"三宝"之一。借助它可以测量方位、地形坡度、地层产状等，因此必须学会且熟练掌握罗盘的使用方法。

（一）地质罗盘的结构及各部件的功能

罗盘的式样很多，但结构基本是一致的。我们常用的是圆盘式罗盘，由磁针、刻度盘、瞄准器、水准器等组成，如图3-1所示。

（二）罗盘的使用

因为地磁的南、北极与地理南、北极位置不完全重合，故地球的磁子午线与地理子午线不相重合，有一定的偏差，它们之间的夹角称为磁偏角。我国大部分地区，磁偏角都是西偏，只有极少的地区（新疆）是东偏，北京等地区的磁偏角为西偏。

1. 磁偏角校正

罗盘测出的方位角为磁方位角，而地形图采用的是地理坐标，两者不一致，所以在一个地区工作前，必须根据地形图提供的磁偏角，对罗盘进行校正，使得磁北极（磁子午线）与地理北极（真子午线）重合。

磁偏角的校正方法见图3-2。若磁偏角西偏，用小刀或螺丝刀按顺时针方向转动磁偏角校正螺丝，使圆刻度盘向逆时针方向转动磁偏角的度数，见图3-2（a）。若地形图上有子午线收敛角（坐标纵线与真子午线的夹角），在校正罗盘时再加上这个角，见图3-2（c），秦皇岛地区就采用这种校正方法。注意：若采用前一种方法（无子午线收敛角）校正罗盘，定向时以图框的纵线为南北向；若以后一种方法校正罗盘，定向时以地形图的坐标纵线为南北向。

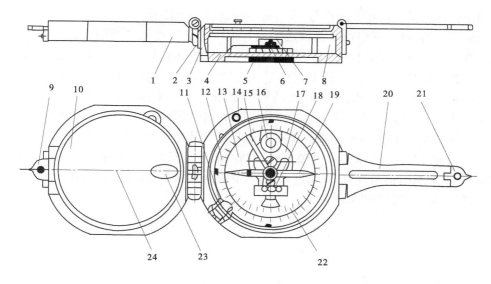

1—上盖;2—联结合页;3—外壳;4—底盘;5—手把;6—顶针;7—玛瑙轴承;
8—压圈;9—小瞄准器;10—反光镜;11—磁偏角校正螺丝;12—圆刻度盘;
13—方向盘;14—制动螺丝;15—拔杆;16—圆水准器;17—测斜器;18—长水准器;
19—磁针;20—长瞄准器;21—短瞄准器;22—半圆刻度盘;23—椭圆孔;24—中线

图 3-1　罗盘的结构

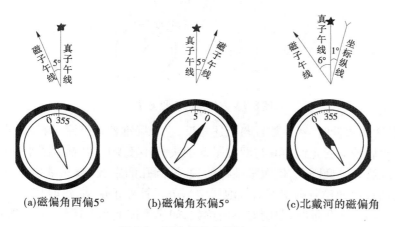

(a)磁偏角西偏5°　　　(b)磁偏角东偏5°　　　(c)北戴河的磁偏角

图 3-2　罗盘磁偏角的校正方法

2. 罗盘在野外工作中的作用

1）测方位

测量某物体的方位是最基本的技能。在定点时,首先要做的就是测量观察点位于某地形或地物的方位。测量时打开罗盘盖,放松制动螺丝,让磁针自由转动。当被测量的物体较高大时,把罗盘放在胸前,罗盘的长瞄准器对准被测物体,然后转动反光镜,使物体及长瞄准器都映入反光镜,并且使物体、长瞄准器上的短瞄准器的尖及反光镜的中线位于一条直线上,同时一定要保持罗盘水平(圆水准器的气泡居中),当磁针停止摆动后,即可直接读出磁针所指圆刻度盘上的度数,也可按下制动螺丝再读数。

　　读方位角的方法,可根据罗盘摆放的位置来决定是读磁北针或磁南针所指的度数。如果要测量某物体(B)位于测量者(A)的方位,当罗盘如图3-3所示放置时,就读磁北针所指的度数,其原理是:若要测量B点位于A点的方位,可以假设B点是动点(因为被测量点可以选任何物体),A点是定点(人站着不动,相当于一个参考点),那么AB线的方向是从A到B的。测量B点位于A点的方位,实际上就是测量AB线按逆时针方向旋转与正北方向的夹角(α),也是长瞄准器所指方向与磁北针的夹角。由于罗盘采用的是按逆时针方向刻的方位角,所以必须读磁北针所指的读数。反之,则读磁南针。为了便于记忆,不至于在测量时读错读数,可以这样记:当罗盘的长瞄准器的指向与测量线(AB)的指向一致时,就读磁北针所指的读数。

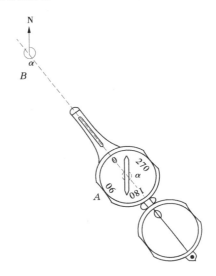

图3-3　方位角的测量方法

　　当被测量物体较低时,罗盘放置与上述相反,把长瞄准器对准测量者,并放到眼前,折起短瞄准器,然后转动反光镜使其与罗盘平面的夹角小于90°,以看清圆水准器为准。测量时,视线通过反光镜椭圆孔,使短瞄准器的尖、椭圆孔的中线、被测量物体重合,同时保持罗盘水平(通过反光镜看圆水准器气泡居中),等磁针停止摆动,这时按下制动螺丝(这个步骤必须做,因为在测量时,眼睛看不清读数,如果不按下制动螺丝,待罗盘放下来再读数时,磁针已转动了),然后再读数。读数的原则同前。

　　2)测定岩层产状

　　岩层的空间位置取决于其产状要素,岩层产状要素包括岩层的走向、倾向和倾角。测量岩层产状是野外地质工作的最基本的工作方法之一,必须熟练掌握。

　　(1)岩层走向的测定。

　　岩层走向是岩层层面与水平面交线的方向也就是岩层任一高度上水平线的延伸方向。

　　测量时将罗盘长边(与罗盘上标有N—S相平行的边)与层面紧贴,然后转动罗盘,使底盘水准器的水泡居中,读出指针所指刻度即为岩层的走向。因为走向是代表一条直线的方向,它可以两边延伸,磁南针或磁北针所读数正是该直线的两端延伸方向,如 NE30°与 SW210°均可代表该岩层的走向。

(2)岩层倾向的测定。

岩层倾向是指岩层向下最大倾斜方向线在水平面上的投影,恒与岩层走向垂直。

测量时,将罗盘北端或接物觇板指向倾斜方向,罗盘南端紧靠着层面并转动罗盘,使底盘水准器水泡居中,读磁北针所指刻度即为岩层的倾向。

假若在岩层顶面上进行测量有困难,也可以在岩层底面上测量仍用对物觇板指向岩层倾斜方向,罗盘北端紧靠底面,读磁北针即可,当测量底面时读磁北针受障碍时,则用罗盘南端紧靠岩层底面,读磁南针亦可。

(3)岩层倾角的测定。

岩层倾角是岩层层面与假想水平面间的最大夹角,即真倾角,它是沿着岩层的真倾斜方向测量得到的,沿其他方向所测得的倾角是视倾角。视倾角恒小于真倾角,也就是说岩层层面上的真倾斜线与水平面的夹角为真倾角,层面上视倾斜线与水平面之夹角为视倾角。野外分辨层面之真倾斜方向甚为重要,它恒与走向垂直,此外可用小石子使之在层面上滚动或滴水使之在层面上流动,此滚动或流动之方向即为层面之真倾斜方向。

当测量完倾向后,不要让罗盘离开岩层层面,马上把罗盘转 90°(罗盘直立),如图 3-4 所示放置,使罗盘的长边紧靠岩层层面,并与倾斜线重合,然后转动罗盘底面的手把,使测斜器上的水准器(长水准器)气泡居中,这时测斜器上的游标所指半圆刻度盘的读数即为倾角。

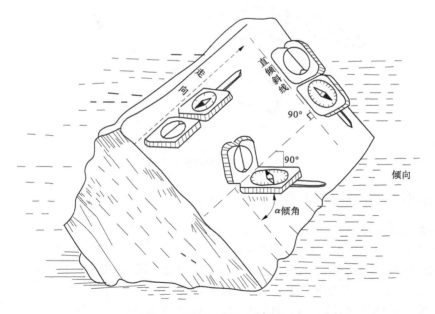

图 3-4　岩层产状要素测量方法

在测量岩层产状时,一般只需测量岩层的倾向和倾角,而走向可通过倾向的数字加或减得到。测量倾向和倾角时,必须先测倾向,后测倾角,反之则不行,请同学们思考其道理。若被测量的岩层表面凹凸不平,可把野簿平放在岩层面上当作层面,以提高测量的准确性和代表性。如果岩层出露很不完整,这时要找岩层的断面,找到属于同一层面的 3 个点(一般在两个相交的断面易找到),再用野簿把这个点连成一平面(相当于岩层面),这时测量野簿的平面即可。

岩层产状的记录方式通常采用方位角记录方式,如果测量出某一岩层走向为 310°,倾向为 220°,倾角 35°,则记录为 NW310°/SW∠35°或 310°/SW∠35°或 220°∠35°。

野外测量岩层产状时需要在岩层露头测量,不能在转石(滚石)上测量,因此要区分露头和滚石。区别露头和滚石,主要是多观察和追索并要善于判断。

3)测量地形坡度

地形坡度是指斜坡的斜面(线)与水平面的夹角。其测量方法是(如图 3-5 所示):在坡顶、坡底或斜坡上各站一人,或者各立一与人等高的标杆;站在坡底的人把罗盘直立,使长瞄准器指向测量者,并转动反光镜,以观察到长水准器为准;视线从短瞄准器的小孔或尖通过,经反光镜的椭圆孔,直达标杆的顶端或人的头顶;调整罗盘底面的手把,使长水准器的气泡居中(从反光镜里看),这时测斜器上的游标所指示半圆刻度盘的读数即为坡度角。同样,可以用相同的方法,从坡顶向坡脚测量坡度角。

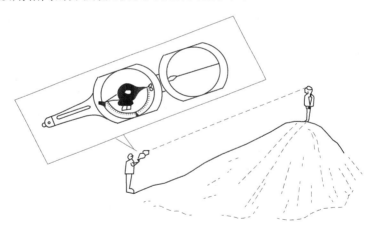

图 3-5　地形坡度的测量方法

二、地形图与地质图的使用

(一)地形图的使用

地形图是野外地质工作必不可少的基础图件。但它和一般的地形图不同,是用地形等高线和地物符号表示地形情况的平面图件。借助地形图,可以了解工作(实习)区的地貌、交通、水系、经济等自然地理情况,为制订野外工作(实习)计划提供参考依据,以最有效的方式取得最佳效果,减少盲目性,也可以通过分析地形图获取地质信息等。同时,地形图是编制各类地质图的基础图件,同学们将在野外实习中进行这方面的实践。

1. 选择地形图

（1）先看图名，是否是工作区所需的。

（2）再看比例尺，是否适合野外工作的需要。地形图的比例尺分为大（1∶10 000 以上）、中（1∶10 000～1∶200 000）、小（1∶200 000 以下），根据地质工作精度要求不同选择不同比例尺的地形图。

（3）仔细研读地形图，分析工作区地形特征，了解交通、居民点、水系情况，并根据已掌握资料，了解其中的有关地质情况。

2. 使用地形图

在野外，站在工作（实习）区内较高的山峰，运用罗盘，将地形图上方对准正北方向。将区内主要地形、地物与地形图逐一对照，熟悉工作区的地形、地物及方位、距离，工作区通视、通行情况。在观察点上练习用罗盘定点，将测量数据记在笔记本上。将所测岩层产状用符号标示于图上。

（二）地质图的使用

1. 地质图基本组成

地质图图名表明图幅所在地区和类型。一般采用图内主要市镇、居民点及主要山岭、河流等命名。如果比例尺较大，图幅面积较小，地名不为人们所知，则在地名前要写上所属省（区）、市或县名，如《济南市章丘区地质图》。

地质图的比例尺与地形图或地图的比例尺一样，有数字比例尺和线段比例尺。图例是地质图上各地质现象的符号和标记，用各种规定的符号和色调来表明地层、岩体的时代和性质。图例是指示读图的基础，从图例可以了解图区出露的地层及其时代、顺序，地层间有无间断，以及岩石类型、地层时代等。图例按一定顺序排列。地层图例在前，次为代号图例，构造图例一般排在最后。

地层图例的安排从上到下由新到老；如横排，一般由左向右从新到老。确定时代的喷出岩、变质岩可按其时代排列在地层图例相应的位置上。岩浆岩体图例放在地层图例之后。已确定时代的岩体可按时代排列，同时代各岩类按酸性到基性顺序排列。构造图例，如地质界线、断层应区分是实测的还是推断的。地形图的图例一般不列于地质图图例中。

图切地质剖面图、正规地质图均附有一幅或几幅切过图区主要地层、构造的剖面图。如单独绘剖面图时，则要标明剖面图图名，如秦皇岛（指图幅所在地区）鸽子窝—鸡冠山地质剖面图。如为图切剖面并附在地质图下面，则以剖面标号表示，如Ⅰ—Ⅰ′地质剖面图或 A—A′地质剖面图。剖面在地质图上的位置用细线标出，两端注上剖面代号，如Ⅰ—Ⅰ′或 A—A′等。在相应剖面图的两端也相应注上同一代号。

剖面图的比例尺应与地质图的比例尺一致。垂直比例表示在剖面两端竖立的直线上，按海拔标高标示。剖面图垂直比例尺与水平比例尺应一致，如放大，则应注明。

剖面图两端的同一高度上注明剖面方向。剖面所经过的山岭、河流、城镇应在剖面上方所在位置注明。最好把方向、地名排在同一水平位置上。剖面图放置一般南右、北左、东右、西左。

在阅读地质内容之前应先分析一下图区的地形特征。在地形地质图上，从等高线可以了解地形。在无等高线的地质图上，可根据水系、山峰和标高的分布认识地形。

一幅地质图反映了该区各方面地质情况。读图时一般要分析地层时代、层序和岩石类型、性质以及岩层、岩体的产状、分布及其相互关系。读图分析时,可以边阅读、边记录、边绘示意剖面图或构造纲要图。有关各种构造的具体分析方法,将在后续实习中分别介绍。

2. 水平岩层在地质图上的特征

水平岩层在地质图上的特征是:

(1)地质界线与地形等高线平行或重合(如图 3-6 所示)。

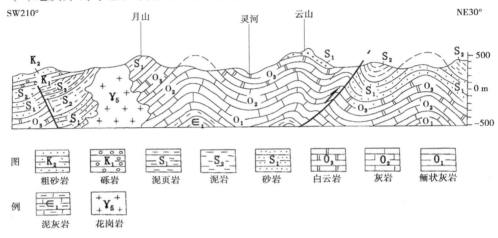

图 3-6　地质剖面图实例

(2)老岩层出露在地形低处,新岩层分布在高处(如图 3-7 所示)。

(3)岩层出露宽度取决于岩层厚度和地面坡度。

(4)岩层的厚度是其顶、底间的高差。

3. 倾斜岩层在地质图上的特征

倾斜岩层在大比例尺地质图上表现为岩层界线在沟谷和山脊处呈“V”字形态。①当岩层倾向与坡向相反,沟谷处形成尖端指向上游的“V”字形,山脊处形成指向下游的“V”字形;②当岩层倾向与坡向一致,但倾角大于坡角,沟谷中形成尖端指向下游的“V”字形,山脊上形成尖端指向上游的“V”字形;③当岩层倾向与坡向一致,但岩层倾角小于坡角,河谷中形成尖端指向上游的“V”字形,但界线弯曲的紧闭度大于等高线弯曲的紧闭度。

4. 不整合在地质图上的表现

平行不整合:不整合面上下两套地质界线一致,倾向、倾角相同,如图 3-8(a)所示。

角度不整合:上覆的一套较新地层的底面界线截切下伏较老地层的不同层位的地质界线,如图 3-8(b)所示。

三、标本的采集

野外地质工作的过程是收集地质资料的过程,地质资料除文字的记录和各种图件外,标本则是不可缺少的实际资料。有了各种标本,就可以在室内做进一步的分析研究,如进行岩石矿物组成的研究、化学成分分析、化石鉴定、同位素年龄测定等,使认识深化。因

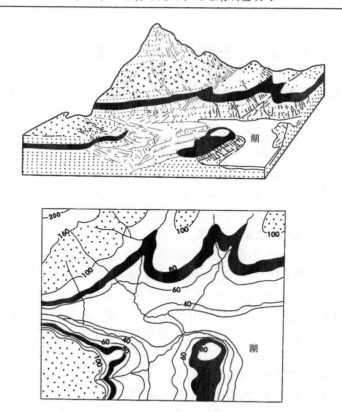

图 3-7　水平岩层露头分布特征

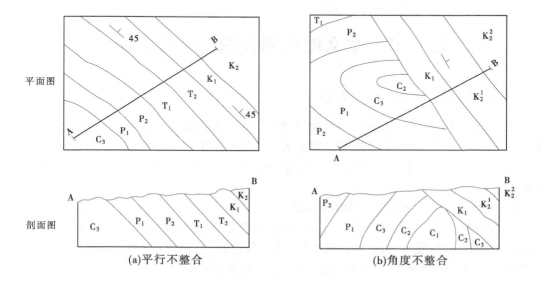

图 3-8　不整合在地质平面图和剖面图上的表现

此,在野外必须注意采集标本。

标本采集有一定的规范要求,标本应是新鲜的而不是风化的。不同类型标本的采集方式、采集密度等各不相同。

标本种类一般有岩石标本、矿物标本、矿产标本、地层标本、化石标本、构造标本等。

标本应为长方体,规格一般为 3 cm×6 cm×9 cm 或 2 cm×4 cm×7 cm。但古生物标本不受限制,以保持完整为准,沉积构造标本愈大愈好。

根据用途,标本分为地层标本、岩石标本、化石标本、矿石标本以及专门用(薄片鉴定、同位素年龄测定、光谱分析、化学分析、构造定向等)的标本等。

常用的是地层标本和岩石标本,对于这类标本的大小、形态有要求,一般是长方体,规格是 3 cm×6 cm×9 cm。应在采石场、矿坑等人工开采地点或有利的自然露头上进行采集、加工、修饰。化石标本力求是完整的。矿石标本要求能反映矿石的特征。薄片鉴定、化学分析、光谱分析等项标本不求形状,但求新鲜,有适当数量即可。

标本采集后,要立即编号并用油漆或其他代用品写在标本的边角上,防止被磨掉。同时,在剖面图或平面图上用相应的符号标出标本采集位置和编号,并在标本登记簿上登记,填写标签并包装。化石标本特别要用棉花仔细包装,避免破损。文字编录的内容包括:①标本类型、编号;②采集层位及位置;③采集地点;④采样目的;⑤采样日期;⑥采集人。

编录完毕,将标签与标本用软纸包装,外注明标本类型及编号,分类装箱。到达驻地,应将标本、标签一一核对无误,然后送交测试和研究部门。

采集标本是一项科学、严谨的工作,稍有疏忽,就会造成失误和损失。更不能丢失,一块外行人看来普通的石头,对于地质工作者却往往是“无价之宝”,特别是那些珍贵的标本。

第三节　水文地质调查的内容与方法

一、水文地质调查的主要内容

水文地质调查除进行必要的地形地貌、地层岩性、地质构造等调查外,对地下水、地下水水文地球化学特征及与地下水有密切相关的气象水文要素等应作详细全面的调查。对各种卡片填写要求项目齐全、内容丰富、数据准确、整齐清洁,切忌仅有编号而没有内容的现象。

(一)地下水类型、含水层、隔水层调查

(1)调查地下水类型,查明潜水、浅层承压水、深层承压水的分布,含水层及区域隔水层的分布,地下水埋藏条件,含水层厚度与岩性,含水介质类型、导水性及水力性质,地下水水质,分析地下水的赋存和富集规律,寻找富水层和富水地段。

(2)调查城镇及工矿地下水水源地的位置和用途,水源地类型、开采井数、开采层位、开采量、开采历史及地下水位(水量)、水质、水温动态。

(3)机、民井调查。机、民井调查除按机、民井调查逐项内容认真调查填写外,在记录

本上应重点记录其所处位置的地质、地貌,并将特征写清楚。

调查内容包括机井和民井的分布(位置和地面高程),井的深度、结构、地层剖面、开采层位,水位、水量、水温、水质及其动态变化,开采方式、开采量、用途和开采中存在的水文地质问题;选择有代表性的井进行简易抽水试验,确定单井涌水量和水文地质参数;选择有代表性的井进行地下水动态监测。

(4)泉的调查。调查泉的类型、分布(位置和出露高程)、出露条件,含水层、补给来源,流量、水温、水质,搜集或访问调查泉水动态及利用情况。对于大泉(岩溶泉、溢出带泉群等)应查明泉域范围或主要补给区(或补给源),选择代表性泉进行泉水动态监测。

除应按泉水调查表内容逐项认真填写外,还应在记录本上把调查重点内容详细记录下来:如泉的露头处地形(沟底、沟壁、山麓、山坡等),涌水量(原则上是实测),泉的类型及流出形态(应说明是上升泉还是下降泉,是流出的、涌出的、喷出的……有无间歇流量变化等),泉水的物理及化学性质、有无气体溢出,又如泉水的变化,所在地地质、地貌、水文地质情况,泉的成因类型等,同时还要做剖面图、素描图或照相。

(二)地下水补给、径流、排泄调查

(1)调查地下水的补给来源、补给方式或途径,补给区分布和补给量;地下水的径流条件、径流分带规律和流向;地下水的排泄形式、排泄途径和排泄区(带)分布;不同含水层之间、地下水和地表水之间水力联系;选择代表性河段通过地表测流查明地表水与地下水之间的转化关系和转化数量。

(2)调查地下水人工补给区的分布,补给方式和补给层位,补给水源类型、水质、水量,补给历史,地下水位、水温、水质动态及存在的问题。

(3)有条件时,应统测枯水期区域地下水位,绘制地下水等水位线和埋藏深度图。

(三)地下水系统、边界条件调查

调查确定区域性地下水系统的空间分布(范围)、外部边界条件、内部边界的类型与位置,划分地下水系统。

地下水系统边界类型可分为隔水边界、侧向补给边界、侧向排泄边界、地表水分水岭边界、地下水分水岭边界、活动边界(迁移边界)、人工边界。

(四)地下水开发利用调查

(1)调查统计地下水年开采总量,分别统计潜水、浅层承压水和深层承压水开采量。

(2)统计地下水开采量在不同水文地质单元、不同开采层位及行政(以市、县为单位,分别统计市中心区、郊区、农村的开采量)区域的分布特征。

(3)调查开采井(配套)的数量、密度,机井出水量变化。

(4)调查地下水利用状况(工业用水、农业用水、生活用水中地下水供水比例)。对取得的调查数据,可用其他相关资料,如灌溉面积、灌溉次数、灌溉定额、复种指数、用电量、单井出水量、井数等进行检查。对收集的开采量资料,要了解其调查方法、数据获得的方法,对农业开采量可从供电量、单井出水量、灌溉面积、灌溉次数等方面相互验证开采量的可靠程度。

(5)调查地下水开采历史和现状,地下水年开采量和地下水位、水质的动态变化。

(6)调查地下水开采诱发的环境地质问题。

（7）对地表水开发利用的历史和现状进行概略调查，内容包括：

①实测河川引水灌溉量、天然灌溉量（还原的）、河川径流量的变化；

②径流期和断流期河流水质和被污染状况；

③库、塘修建时间、位置，调蓄库容；

④引水工程、引水渠道长度、分布；

⑤渠道引水量、渠道衬砌工程、渠道有效利用系数；

⑥地表水灌区分布、范围、面积，地表水灌区（或井渠混合灌区）每年渠灌次数、定额、单位面积年灌水量、灌溉方式、节水措施和节水前景。

（8）调查地下水取水工程的类型与效率。

二、水文地质调查的基本方法

（一）水文地质调查基本方法概述

水文地质调查工作是一项复杂而重要的工作，其复杂性主要表现在调查方法的种类繁多，除传统的各种地质调查方法、手段外，还有许多针对地下水本身特性（如流动性和水质、水量随时间的变化等）的勘查方法。最基本的水文地质调查方法有六种，即水文地质测绘、水文地质钻探、水文地质物探、水文地质试验、地下水动态观测及室内分析试验。近年来，随着现代科学技术发展而革新、引进和建立的新调查方法有航、卫片地质 – 水文地质解译技术，各种直接寻找地下水的物探方法，水文地质参数的直接测定方法、地下水同位素测试技术等。

1. 水文地质测绘

水文地质测绘是通过对调查区内地质、地貌、地下水露头和地表水状况的观察分析，从宏观上认识地下水的埋藏、分布和形成条件的一种调查手段。其工作特点是，通过现场观察、记录及填绘各种界线与现象，以及室内的进一步分析整理，最终编制出从宏观和三维空间上反映区内水文地质条件的图件，并编写出相应的水文地质测绘报告书。

水文地质测绘是整个水文地质调查工作的开始。其成果质量是合理、正确布置各种水文地质勘探、试验、动态观测等工作的关键，可保证水文地质人员在解决具体水文地质问题时不致因地质、水文地质条件认识不正确而得出错误的结论。

2. 水文地质钻探

水文地质钻探是直接查明地下水的一种最重要、最可靠的勘探手段，是进行各种水文地质试验的必备工程，也是对水文地质测绘、水文地质物探成果所作地质结论的一种检验方法。随着水文地质调查阶段的深入，水文地质钻探所占的比重越来越大。

水文地质钻探的基本任务有：①探明地层剖面及含水层岩性、厚度、埋藏深度和水头（位）；②采取岩土样和水样，确定含水层的水质及测定岩土物理性质和水理性质；③进行水文地质试验，确定含水层的各种水文地质参数；④利用钻孔监测地下水动态或直接作为开采井。

3. 水文地质物探

利用地球物理方法查明含水介质水文地质特征的勘探叫水文地质物探。其基本原理是不同类型或不同含水量的岩石，或不同矿化度的水体之间存在着物理特性上（包括导电性、导热性、热容量、密度、磁性、弹性波传播速度及放射性等)的差异,因此可以借助各种物探测量仪器探明这些差异,进而分析判断岩性结构、构造及含水性能,为水文地质条件分析和布置水文地质钻探提供依据。水文地质物探具有工作方便、速度快、成本低、用途广等优点,在水文地质调查中使用的物探方法有地面物探方法(如自然电场法、激发极化法、交变电磁场法、放射性探测法等)、地球物理测井法(如电法、放射性、声波、热、流速等),以及一些适用于地下工程中的物探方法。

4. 水文地质试验

针对水文地质地面测绘发现的水文地质问题,利用已有的钻孔或地下水露头等特殊水文地质点进行水文地质现场试验,以取得各种水文地质参数或解决某些水文地质问题。水文地质试验是对地下水进行定量研究的手段,如抽水试验就是最主要的一项。其他还有注水或渗水试验,示踪试验,弥散试验,地下水流速、流向测定等。

5. 地下水动态观测

地下水具有流动、可变和可恢复等复杂的特点,因此在进行水文地质调查时,常需对区内主要含水层中地下水的动态(包括水位、水量、水质和水温)进行长期观测。依据观测结果,综合地面测绘成果、物探钻探成果,对区内地下水的形成和变化规律,包括水质、水量和水位的动态变化规律,进行正确的评价和预测。动态观测是水文地质调查必不可少的重要工作之一。

地下水动态长期观测,是研究地下水动态的根本手段。地下水动态长期观测的任务有以下三点:①确定地下水之间、地下水与地表水之间的水力联系,地下水和地表水及大气降水等与开采、矿井充水等的关系;②计算地下水资源、预计矿井涌水量,为制订合理开采量、防治矿坑水方案等提供依据;③分析断层和含水层的富水性、导水性,为综合性评价供水水源地及矿井水文地质条件提供依据。

6. 室内分析实验

为取得地下水水质、岩石的水理、力学性质、岩石破坏及溶蚀机制、含水层的颗粒成分、地下水运动情况、溶质迁移以及地下水年龄等资料,需通过现场采集水样和岩样、现场测试分析与室内实验分析,取得地下水运动与动态变化信息,进而解决其他手段不能解决的问题。

综合考虑水文与水资源工程专业实习要求和篇幅所限,本书着重讨论水文地质测绘、地下水动态观测及水文地质试验中的渗水试验等内容。

(二)水文地质测绘

本节主要介绍观测点与观测路线要求、地下水位的观测、水样采取、泉和水井观测的基本操作技术、基本方法和技术要求。各种调查点的位置,可采用罗盘、GPS 结合典型的地形地物确定,应准确地绘到底图上。

1. 观测点与观测路线要求

水文地质测绘的观测路线宜按下列要求布置:沿垂直岩层或岩浆岩体构造线走向;沿地貌变化显著方向;沿河谷、沟谷和地下水露头多的地带;沿含水层带走向。

水文地质测绘的观测点宜布置在下列地点:地层界线、断层线、褶皱轴线、岩浆岩与围岩接触带、标志层、典型露头和岩性岩相变化带等;地貌分界线和自然地质现象发育处;水井、泉、钻孔、矿井、坎儿井、地表坍陷、岩溶水点（如暗河出、入口）、落水洞、地下湖和地表水体等。

　　水文地质测绘每平方公里的观测点数和路线长度可按表3-7确定。同时进行地质和水文地质测绘时，表中地质观测点数应乘以2.5；复核性水文地质测绘时，观测点数为规定数的40%～50%。水文地质条件简单时采用小值，复杂时采用大值，条件中等时采用中间值。进行水文地质测绘时，可利用现有遥感影像资料进行判释与填图，减少野外工作量和提高图件的精度。

表3-7　水文地质观测点数及观测路线长度要求

测绘比例尺	地质观测点数（个/km²）		水文地质观测点数（个/km²）	观测路线长（km/km²）
	松散层地区	基岩地区		
1:100 000	0.10～0.30	0.25～0.75	0.10～0.25	0.50～1.00
1:50 000	0.30～0.60	0.75～2.00	0.20～0.60	1.00～2.00
1:25 000	0.60～1.80	1.50～3.00	1.00～2.50	2.50～4.00
1:10 000	1.80～3.60	3.00～8.00	2.50～7.50	4.00～6.00
1:5 000	3.60～7.20	6.00～16.00	5.00～15.00	6.00～12.00

　　2. 地下水位的观测

　　地下水位观测仪器如下：

　　（1）测钟。当地下水位较浅时，常用测钟测量。当测钟接触到地下水面时，发出嗡嗡声，此时测量测钟绳长，即为地下水位。测量时必须将测绳伸直，应反复试测，准确地找到水面位置。

　　（2）电测水位计或万用电表。电测水位计或万用电表是目前常用的测量地下水位的工具，其优点是简便、准确，不受地下水位埋深的限制。

　　（3）其他仪器。

　　3. 水样采取

　　野外测绘中采取水样必须遵守下列规则：

　　（1）要从水面以下0.2～0.5 m处取样。

　　（2）在停滞的水体或水中采取水样，应将死水抽去后，采取新鲜水样；采取河水水样，应在水流较缓的地段采取。

　　（3）在取样前应将已洗净的水样瓶用所取之水仔细冲洗2～3次。

　　（4）取样时不宜把瓶装满，应留1～2 cm空隙。

　　（5）取好水样应立即密封，用纱布将瓶口缠好，然后用蜡封住。

　　（6）取特殊要求水样时应加稳定剂另取一瓶水样，如分析水中侵蚀性CO_2的含量时，则应另取一瓶水样加入大理石粉。

　　4. 泉的观测记录

　　（1）把泉统一编号标记在图上，并描述泉出露的位置，属于何种地貌单元，如河谷、盆地、冲沟、峡谷及山麓等，标出泉相对河水面高程及居民点的方位和距离。

（2）详细描述泉出露点的地质条件,并选择典型方位做剖面图及泉出露地段的平面图,应表示出岩层性质、地质构造特点,松散沉积物中应阐明沉积物成因类型、岩性、结构等。

（3）测定泉水温度,判明水的物理性质及气体成分,并取水样做化学成分鉴定。

（4）观察泉水出露形态,自然流出的(渗出的、滴出的)或涌出的是否有间歇性流量变化。

（5）观察出露处是否有沉淀物质——泉华(矿质的、钙质的、硫黄的、铁质的等)。

（6）测定泉水流量,了解访问泉水动态。

（7）调查泉的使用情况,是否有引水工程。

（8）确定泉的类型,按泉的形成可分为侵蚀泉、接触泉、断层泉;按泉的水力特征可分为上升泉、下降泉。

5.水井的观测记录

（1）水井的位置,村庄内、外;平原、高地、斜坡、洼地冲沟;在河、湖、池塘、沼泽岸上,距离水体多远,是否被洪水淹没。

（2）井的坐标、地面标高、井口标高、井底深度。

（3）水位埋深。

（4）井的地层柱状图。

（5）井壁的结构及井口形态。

（6）建井年代及最近一次淘井的时间。

（7）取水设备及用水量。

（8）井的涌水量(可作简易抽水试验或访问)。

（9）井水的物理性质,记录水温、气温、颜色、透明度、气味、味道等。

（10）井水的动态:①丰水年、枯水年的井水位变化情况;②年内水位变化情况;③井水的用途及附近的卫生环境状况。

（11）井的平面图及示意剖面图。

（三）地下水动态观测

地下水动态观测与资料分析的目的是使学生了解地下水动态观测的水位、水量、水温、水质等主要观测内容,掌握相应的观测要求及观测方法,能够绘制地下水动态曲线图及平面图等基础图件,并能够进行相关的分析研究。可以选用现有观测井进行典型调查与观测,采用罗盘或便携式 GPS12XL 现场定位。

1.观测点线的布置要求

（1）地下水动态观测点,应尽量利用已有的勘探钻孔、水井和泉。被利用的观测点,应有完整的水文地质资料。

（2）观测点、网应结合水文地质参数分区布置,每个参数区均应设立观测点。

（3）地下水补给边界处要控制一定数量的观测孔。

（4）为查明两个水源地的相互影响,应在连接两个开采漏斗中心线方向上布置观测线,在开采漏斗内应适当加大观测点密度。

（5）在多层含水层分布地区,应布置分层观测孔组。

（6）为查明污染源对水源地地下水水质的影响，观测孔应沿污染源至水源地的方向布置，并使观测线贯穿水源地各个卫生防护带。

（7）为查明地下水与地表水之间的补排关系，应垂直地表水体的岸边布置观测线，并对地表水水位、流量、水温、水质进行分段观测。

（8）为查明咸水与淡水分界面动态特征，应垂直咸水与淡水的分界面布置观测线。

（9）基岩地区应在主要构造富水带、岩溶大泉、地下河出口处及地下水与地表水相互转化处布置观测点。

2. 地下水动态观测项目

地下水动态观测项目包括水位、水温、水质、涌水量四方面内容。

（1）地下水位观测，一般每5天观测一次，丰水期或水位急骤变化期可增加观测频率。对于大面积开采地下水的地区，为了解枯、丰水期区域水位的变化，应增设临时观测点、网，同时应选择典型观测孔，用自记水位计连续观测。

（2）地下水水温观测，一般要求选择控制性观测点，与地下水位同时观测。

（3）地下水涌水量观测，一般应逐旬对地下水天然露头（泉、地下河出口等）及自流井进行流量观测，雨季加密观测。每年对生产井开采量至少进行一次系统调查和测量。

（4）地下水水质观测，一般在枯、丰水期分别采样，观测水质的季节性变化。地下水受污染的地区，可增加采样次数和分析项目。

（5）为查明地下水动态与当地水文、气象因素的相互关系，应系统搜集测绘范围内多年的水文、气象资料。在水文、气象资料不能满足地下水均衡计算的地区，应对水文、气象做短期观测工作。

3. 地下水动态观测资料整理要求

（1）地下水动态观测各项实际资料必须及时整理，认真审查，编录地下水动态观测资料统计表。

（2）编制地下水动态观测实际材料图，绘制地下水位、水温、水质动态单项历时曲线及综合历时曲线，必要时应绘制地下水动态与开采量、气象、水文等关系曲线图。

（3）利用地下水动态观测资料，结合气象、水文、水文地质和地下水开发利用等资料，进行水文地质参数分析与计算，确定和选用合理的水文地质参数，为地下水资源计算与评价提供基础依据。可以利用动态资料分析法计算降水入渗系数、水位变动带给水度、含水层渗透系数、潜水蒸发系数、潜水蒸发极限深度等参数。

（4）利用地下水动态观测资料，结合气象、水文、水文地质和地下水开发利用等资料，进行地下水资源计算与评价，为国民经济发展和生态环境建设提供水资源保障。

三、野外（双环）渗水试验

渗水试验是野外测定包气带非饱和岩（土）层渗透的简易方法。应用该方法时，潜水埋深最好大于5 m。利用渗水试验，可进行灌溉设计、研究区域水均衡以及计算山前地区地表水渗入量。

（一）试验仪器和方法

1. 试验仪器

双环入渗仪（1 套）、铁锹（2 把）、小铲子（2 个）、刻度尺（1 把）、500 mL 或 1 000 mL 量杯（1 个）、秒表（1 个）。

2. 试验方法

对砂土和粉土,可采用试坑法或单环法;对黏性土应采用试坑双环法。

（1）试坑法（见图 3-9）:装置简单;受侧向渗透的影响大,试验成果精度差。

（2）单环法（见图 3-10）:装置简单;受侧向渗透的影响大,试验成果精度稍差。

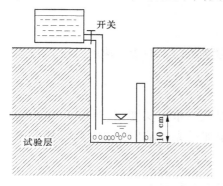

图 3-9　试坑法示意图　　　　　图 3-10　单环法示意图

（3）双环法（见图 3-11）:装置较复杂;基本排除了侧向渗透的影响,试验成果精度较高。因而应用比较广泛,我们野外操作也以双环试验为主。

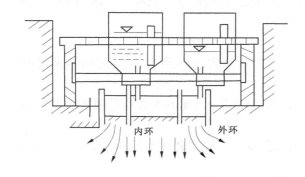

图 3-11　双环法示意图

（二）试验原理及操作步骤

1. 试验原理

双环法是试坑底嵌入两个铁环,外环直径和内环直径分别为 60.96 cm 和 30.48 cm。试验时往铁环内注水,控制外环和内环的水柱都保持在同一个高度上（如 10 cm）。根据内环所取得的资料,依据达西定律计算出渗透系数。由于内环中的水只产生垂向渗入,排除了侧向渗流带的误差,因此比试坑法和单环法精确度高。

2. 试验步骤

（1）在指定地点挖一个圆坑,坑底平整,坑的深度大于 20 cm,直径大于铁环直径。

（2）把铁环放入坑内，等铁环放置成水平状态之后铁环外壁注土捣实，以防环内水外漏。

（3）将刻度尺紧贴铁环内壁放至坑底，将其固定于环壁。

（4）将马氏瓶水加入铁环内，水深为 10 cm 时，停止加水，同时开始计时。

（三）渗透系数（K）计算

根据达西定律有

$$v = \frac{Q}{F} = KI \tag{3-1}$$

式中　　v——渗流速度，cm/s；

　　　　I——水力梯度，也称水力坡降；

　　　　K——渗透系数，cm/s，其值等于水力梯度为 1 时水的渗透速度；

　　　　Q——稳定的渗入水量，cm^3/s；

　　　　F——坑底面积，cm^2。

当坑内水柱高度不大（等于 10 cm）时，可以认为水力梯度（I）近于 1，因而当渗水试验进行到了渗入水量趋于稳定时，再利用达西定律的原理求出野外松散岩层的渗透系数（K）

$$K = \frac{QL}{F(H_k + Z + L)} = \frac{Q}{F} \tag{3-2}$$

式中　　Z——试坑（内环）中水层厚度，cm；

　　　　L——毛细试验结束时水的渗入深度（试验后开挖确定），cm；

　　　　H_k——水向干土中渗透时，所产生的毛细压力，以水柱高表示，cm；

　　　　Q、F 意义同式（3-1）。

（四）注意事项

（1）使用的双环必须规范、整洁、刻度清晰；记录时间迅速、准确。渗水试验为室外试验，注意试验选址及水源情况。

（2）流量观测精度应达 0.1 L。开始的 5 次流量观测间隔 5 min，以后每隔 20 min 观测一次。

在试验基础上，通过作 Q—T 图（见图 3-12），推求该试验地点的渗透系数 K。

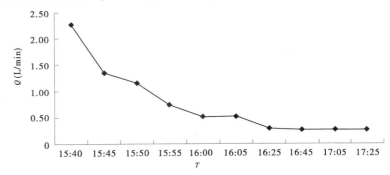

图 3-12　双环试验 Q—T 图示例

（五）试验记录表

双环渗水试验记录表格式见表3-8。

表 3-8　双环渗水试验记录表

试验点名称：＿＿＿＿＿＿＿＿＿＿＿＿＿　试验点编号：＿＿＿＿＿＿＿

内环直径：＿＿＿＿＿　外环直径：＿＿＿＿＿　坐标：X＿＿＿＿＿　Y＿＿＿＿＿

日期：＿＿＿＿年＿＿＿＿月＿＿＿＿日　试验人：＿＿＿＿＿　校核：＿＿＿＿＿

序号	观测时间			时间间隔（min）	每次注入量 q(mL)	累积注入流量 Q(mL)	备注
	时	分	秒				
1							
2							
3							
4							
5							
6							
7							
8							
9							
10							
11							
12							
13							
14							
15							
16							
17							
18							
19							
20							
21							
22							
23							
24							
25							
26							
27							
28							
29							
30							

第四章　水文观测及资料整理

第一节　水文测站及观测

一、水文测站和水文站网

水文要素是指反映河流水文特性的水文资料,包括水位、流量、泥沙、水质、冰凌、降水、蒸发、水温等。它受气候因素、自然地理因素和人类活动的影响,存在着时间和空间上的变化。要分析水文现象的变化过程,满足水利水电工程建设、环境保护和其他国民经济建设的需要,就需要在河流上特定地点(断面)设立水文测站,以便对各项水文要素进行长期观测。

在流域内一定地点(或断面)按照统一标准对所需要的水文要素进行系统观测以获取信息并进行整理,这些信息称为即时观测信息。这些指定的水文观测地点称为水文测站,它是水文信息采集的基层单位,最重要的任务是进行水文测验,包括水位观测、流量测验、泥沙测验、水质测验和降水量测验及蒸发量测验等。

水文站网就是在给定的水文区域内,由一定数量的水文测站组成的相互联系的地理上的分布网络。单个测站观测到的水文要素信息只为了解站址处的水文情况,在流域内的一些适当地点设站观测,对所得水文资料进行整理分析,就可以内插出任何地点的水文要素的特征值。

制定水文站网规划应根据具体情况,采用不同的方法,相互比较和综合论证;同时,要保持水文站网的相对稳定。水文站网规划的主要原则是根据需要,着眼于依靠站网的结构,发挥站网的整体功能,提高站网产生的社会效益和经济效益。水文站网规划的基本内容包括:进行水文分区;确定站网密度;选定布站位置;拟定设站年限;各类站网的协调配套;编制经费预算,制订实施方案。

二、水文测站的种类

水文测站按主要测验项目可以分为:①水文站,观测水位、流量,或兼测其他项目;②水位站,只观测水位,或兼测降水量;③雨量站,只观测降水量;④水质站,只观测水质;⑤蒸发站,观测水面蒸发量。

根据测站的性质和作用,水文测站可分为基本站、辅助站、水文实验站和专用站。

基本站是水文主管部门为全国各地的水文情况而设立的,是为国民经济各方面的需要服务的。基本站应保持相对稳定,在规定的时期内连续进行观测,收集的资料应刊入水文年鉴或存入数据库。基本水文站按观测项目的不同可分为流量站、水位站、泥沙站、雨量站、水面蒸发站、水质站、地下水观测井等。

辅助站是为帮助某些基本站正确控制水文情势变化而设立的一个或一组站点。辅助站是基本站的补充,弥补基本站观测资料的不足。计算站网密度时,辅助站不参加统计。

水文试验站是在天然和人为特定试验条件下,由一个或一组水文观测试验项目的站点组成的专门场所。如径流实验站、河床实验站、湖泊(水库)实验站等。

专用站是为某种专门目的或用途由各部门自行设立的,不具备或不完全具备基本站的特点,是基本站在面上的补充。

三、水文测站的布设

(一)选择测验河段

测验河段的好坏,对整个测验工作有着很大的影响,故应该在站网规划所部署的各级水文站位置上,选择测验河段。测验河段的选择应在满足设站目的、要求和测验精度的条件下,有利于测验工作和资料整理工作。选择测验河段的具体要求:①流速垂直于横断面,各点流速相互平行,垂线上和沿河宽的流速分布曲线是有规则的,流速大于 0.1 ~ 0.15 m/s,水深大于 0.3 m;②河床稳定而有规则,水流不致漫溢出河道的堤岸,不生长水草;③选择测流河段应在干支流汇合口上游附近所引起的变动回水范围以外,并离开运转频繁的码头;④对于平原河流,应尽量选择顺直、稳定、水流集中、便于布设测验设施的河段,顺直长度一般不应小于洪水主槽宽度的 3 ~ 5 倍;对于山区河流,在保证测验工作安全的前提下,尽可能选在急滩、石梁、卡口等的上游处,一般设置在建筑物的下游,并且要避开水流紊动的影响。

1. 测站控制

测站控制是对水文站水位与流量关系起控制作用的断面或河段的水力因素的总称。若测站控制良好,则水文站的水位与流量的关系就稳定;反之,则不稳定。当测站控制作用发生在一个横断面(或极短河段)上,称为断面控制。当测站控制靠一段河槽的底坡、糙率和断面形状等因素的组合而形成的,称为河槽控制。

1)断面控制

在天然河道中,由于地质和人工原因,造成河段中局部地形突起,使水面曲线发生明显转折,形成临界流,出现临界水深 d_K,构成测站断面控制。例如,天然石梁,在低水时期,由于河底坡度的明显转折,水面曲线由壅水曲线变为降水曲线,产生临界流。

从水力学上来说,产生临界流处,其弗汝德数 Fr 等于 1,即

$$Fr = \frac{v^2}{gd_K} = 1 \tag{4-1}$$

则

$$v = \sqrt{gd_K} \tag{4-2}$$

如临界水深处横断面为矩形断面,其断面面积 $A = Bd_K$,则流量为

$$Q = A\sqrt{gd_K} = (B\sqrt{g})d_K^{3/2} \tag{4-3}$$

石梁为坚石构成,流速大,不致冲淤。所以,临界水深仅随临界水位 Z_K 变化,故

$$Q = f_1(d_K) = f(Z_K) \tag{4-4}$$

急滩和石梁一样,是指河底坡度转折处,在低水位时有控制作用。显然,在高水位时,下游水位淹没了石梁或急滩,则产生临界流的条件消失,其控制作用也随之消失。

卡口、急弯是在高水位时发生控制作用的地形。卡口是指河宽急剧束窄的地方,横断面急变形成水面曲线的转折而发生临界流。急弯则是由于主流位置的变化,在高水位时形成水面纵向坡降的急变,发生临界水流而形成测站控制。

2)河槽控制

河道中的水流可近似地看作缓变不均匀流,其平均流速 v 由曼宁公式表示

$$v = \frac{1}{n}R^{2/3}S_e^{1/2} \tag{4-5}$$

式中　　n——糙率;

　　　　R——水力半径(宽浅断面可用平均水深代替);

　　　　S_e——能面比降,可近似地等于水面比降 S。

则通过断面的流量为

$$Q = A\frac{1}{n}R^{2/3}S^{1/2} \tag{4-6}$$

式中　　A——断面面积。

将流量写成一般函数形式

$$Q = f[(A,R),n,S] \tag{4-7}$$

式中,A、R 取决于断面 Ω 和水位 Z,故改写成

$$Q = f(Z,\Omega,n,S) \tag{4-8}$$

式(4-8)表明,决定河道流量大小的水力因素有水位、断面因素、糙率及水面比降。

2.测验河段的勘测调查工作

选择测验河段、设立水文测站之前,应进行现场勘测调查。为了能充分了解河道情况和测量工作的方便,查勘最好在枯水期进行。勘测调查工作的主要内容如下:

(1)准备工作。明确设站的目的和任务,查阅、收集有关信息。尤其是有关地形图、水准点和洪水情况等,确定勘测内容与调查大纲,制订工作计划。

(2)现场调查。调查内容包括河流控制情况,河流水、沙情势,河床组成,河道变迁及冲淤情况的调查;流域自然地理情况,水利工程,测站工作条件的调查。

(3)野外测量。在勘测中,应进行简易地形测量、大断面测量、流向测量、瞬时水面纵比降测量等工作。

(4)编写勘测报告。将调查情况及测量成果进行分析整理,提出意见,为选择站址提供依据。

(二)布设测验断面

对于流量测站,断面的布设一般有基本水尺断面、流速仪测流断面、浮标测流断面和比降断面等断面的布设及基线的布设。

1.基本水尺断面的布设

基本水尺断面是为经常观测水位而设置的断面,它是测站的重要标志。通过基本水尺断面长年水位观测,提供水位变化过程的信息资料,并依此来推求通过断面的流量等水文要素的变化过程。

基本水尺断面处,要求水流平顺,两岸水面无横比降,无旋涡、回流和死水。断面应大

致与流向垂直,最好能与测流断面重合,不应该有较大支流汇入或有其他因素造成水量的显著差异。设立基本水尺断面,应以是否有助于建立稳定、简单的水位流量关系为主要目标。因此,基本水尺断面应设置在具有断面控制地点上游附近。测验河段内,若改变基本水尺断面位置,对水位流量关系自然改善无明显作用时,可将基本水尺断面设置在测验河段的中央。

2. 流速仪测流断面的布设

流速仪测流断面是为了用流速仪法测流量而设置的断面,流速仪测流断面应选择河岸顺直、等高线走向大致平顺和水流集中的河段中央。设立流速仪测流断面,应以安全操作、保证质量、设立简单为主要目标。测流断面应与平均流向相垂直。若测流断面不与基本水尺断面重合,应尽量缩短两断面距离,中间不能有支流汇入与分出,以满足两断面间的流量相等。

3. 浮标测流断面的布设

浮标测流断面应布设浮标上、中、下断面,浮标测流的中断面应尽可能与流速仪测流断面重合。浮标上、下断面必须平行于浮标中断面并等距,为了使浮标测得的速度具有代表性,浮标上、下断面的间距应尽量缩短。为了减少浮标测流时的计时误差,施测时要有足够的时间供上下游联系,这又要求浮标上、下断面间有足够的长度。为了兼顾上述两方面的要求,可利用误差的概念加以分析说明。

假定浮标测流时,计时最大误差 $\Delta t = 1$ s,而距离丈量误差小于 1%,可以忽略,则浮标流速的相对误差 δ_v 可写为

$$\delta_v = \frac{\Delta t}{t} + \frac{\Delta L_f}{L_f} \approx \frac{\Delta t}{t} = \frac{1}{t} \qquad (4\text{-}9)$$

因
$$t = \frac{L_f}{V_f}$$

故
$$\delta_v = \frac{1}{t} = \frac{v_f}{L_f} \qquad (4\text{-}10)$$

因浮标流速 v_f 的大小在测量前是未知的,并且随洪水大小及浮标在横断面上位置的不同而变,故可用估算的最大断面平均流速 v_{max} 代替,则

$$L_f = \frac{v_f}{\delta_v} = \frac{v_{max}}{\delta_v} \qquad (4\text{-}11)$$

以上各式中　L_f、ΔL_f——浮标上、下断面之间的距离和量距误差,m;

　　　　　　t、Δt——浮标从上断面到下断面经过的时间及计时误差,s;

　　　　　　δ_v——浮标流速的相对误差,一般规定 $\delta_v = 1.25\% \sim 2.0\%$ 作为允许误差。

将 $\delta_v = 1.25\% \sim 2.0\%$ 代入式(4-11)得

$$L_f = \frac{v_{max}}{0.012\,5 \sim 0.02} = (80 \sim 50) v_{max} \qquad (4\text{-}12)$$

即浮标上、下断面间距应为最大断面平均流速的 $50 \sim 80$ 倍。为了适应高低水时测流的需要,可以布设不同间距的浮标上、下断面。

4. 比降断面的布设

比降断面是设立比降水尺的断面。在比降水位观测河段上应设置上、中、下三个比降

断面,可取流速仪法测流断面或基本水尺断面兼作比降中断面。当断面上水面有明显的横比降时,应在两岸设立水尺观测水位;当有困难时,可在上、下比降断面两岸设立水尺计算水面平均比降。

上、下比降断面的间距,应使水面落差远大于落差观测误差。上、下比降断面间距可采用式(4-13)估算

$$L_{\mathrm{S}} = \frac{2}{\overline{\Delta Z}^2 X_{\mathrm{S}}^2}(S_{\mathrm{m}}^2 + \sqrt{S_{\mathrm{m}}^4 + 2\overline{\Delta Z}^2 X_{\mathrm{S}}^2 S_{\mathrm{Z}}^2}) \tag{4-13}$$

式中　　L_{S}——比降断面间距,km;

　　　　$\overline{\Delta Z}$——河道每千米的水面落差,mm,宜取中水位的平均值;

　　　　X_{S}——比降观测允许的不确定度,可取 15%;

　　　　S_{m}——水准测量每千米线路上的标准差,mm,根据水准测量的等级而定,三等水准为 6 mm,四等水准为 10 mm;

　　　　S_{Z}——比降水位观测误差,mm。

(三)布设基线

在测验河段进行水文测验和断面测量,用经纬仪或六分仪交会法测角,推算测验垂线在断面上(起点距)时,在岸上布设的测量线段,称为基线。基线应垂直于断面设置,基线的起点恰在断面上。当受地形条件限制时,基线也可以不与断面垂直。

基线长度应使断面上最远一点的仪器视线与断面的夹角大于30°,特殊情况下亦应大于15°。不同水位时水面宽度相差悬殊的测站,可在岸上和河滩上分别设置高、低水位的基线。

测站使用六分仪交会法施测起点距时,布置基线应使六分仪两视线的夹角大于或等于30°且小于或等于120°。基线两端至近岸水边的距离,宜应大于交会标志与枯水位高差的 7 倍。当一条基线不能满足上述要求时,可在两岸同时设置两条以上或分别设置高、低水位交会基线。

基线长度应取 10 m 的整倍数,用钢尺或校正过的其他测尺往返测量两次,往返测量误差应不超过 1/1 000。

第二节　降水与蒸发的观测及资料整理

一、降水观测及资料整理

(一)概述

降水量观测是水文要素观测的重要组成部分,一般包括测记降雨、降雪、降雹的水量。单纯的雾、露、霜可不测记(有水面蒸发任务的测站除外)。必要时,部分站还应测记雪深、冰雹直径、初霜和终霜日期等特殊观测项目。

降水量单位以 mm 表示,其观测记载的最小量(简称记录精度),应符合下列规定:

(1)需要控制雨日地区分布变化的雨量站必须记至 0.1 mm。

(2)当有蒸发站记录时,降雨的记录精度必须与蒸发观测的记录精度相匹配。

降水量的观测场地应选在四周空旷平坦的地方,避开局部地形、地物的影响。降水量的观测时间是以北京时间为准。记起止时间者,观测时间记至分;不记起止时间者,记至小时。每日降水以北京时间8时为日分界,即从本日8时至次日8时的降水为本日降水量。观测员观测所用的钟表或手机的走时差每24 h不应该超过2 min,并应每日与北京时间对时校正。

(二)仪器及观测

1.仪器组成、分类及适用范围

降水量观测仪器由传感、测量控制、显示与记录、数据传输和数据处理等部分组成。降水量观测仪器按传感原理分类,常用的可分为直接计量(雨量器)、液柱测量、翻斗测量(单翻斗与多翻斗)等传统仪器(见表4-1),还有采用新技术的光学雨量计和雷达雨量计等。按记录周期分类,可分为日记型和长期自记型。

表4-1　常用降水量观测仪器及适用范围

名称		适用范围
雨量器		适用于驻守观测的雨量站
虹吸式自记雨量计		适用于驻守观测的雨量站
翻斗式自记雨量计	日记型	适用于驻守观测的雨量站
	长期自记型	适用于驻守和无人驻守的雨量站观测液态降水量,特别适用于边远偏僻地区无人驻守的雨量站观测液态降水量

2.雨量器

雨量器是由承雨器、雨量筒、储水瓶和器盖等组成,并配有专用雨量杯(见图4-1)。用于观测固态降水的雨量器,配有无漏斗的承雪器,或采用漏斗能与承雨器分开的雨量器。雨量器上部漏斗口呈圆形,口径为20 cm。设置时,其上口距地面70 cm,器口保持水平。漏斗下面放储水瓶,用以收集雨水。观测时,用空的储水瓶将雨量器内的储水瓶换出,在室内用特制的雨量杯量出降水量。

用雨量器观测降水量,可采用定时分段观测,段次及相应时间见表4-2。

表4-2　降水量分段次观测时间

段次	观测时间(时)
1 段	8
2 段	20,8
4 段	14,20,2,8
8 段	11,14,17,20,23,2,5,8
12 段	10,12,14,16,18,20,22,24,2,4,6,8
24 段	从本日9时至次日8时,每小时观测一次

每日观测时,注意检查雨量器是否碰撞变形,检查漏斗有无裂纹,雨量筒是否漏水。暴雨时,采取加测的办法,防止降水溢出储水瓶。如已溢流,应同时更换雨量筒,并量测筒

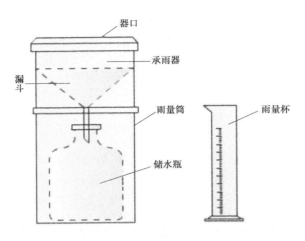

图 4-1　雨量器及雨量杯

内降水量。当遇特大暴雨灾害,无法进行正常观测工作时,应尽可能及时进行暴雨调查,调查估算值应记入降水量观测记载簿的备注栏,并加文字说明。每次观测后,雨量筒和雨量杯内不可有积水。

3. 自记雨量计

自记雨量计能自动连续地把降雨过程记录下来。常用的自记雨量计有虹吸式自记雨量计和翻斗式自记雨量计。

(1)虹吸式自记雨量计主要是由承雨器、虹吸管、储水瓶、自记纸等组成。其工作原理为:雨水落入承雨器经小漏斗进入浮子室,浮子随浮子室水量增加而上升,带动自记笔,沿装有自记钟的自记纸向上移动,随自记钟的转动,各时刻的雨量便在自记纸上记录下来。当浮子室的水储满时,水就沿虹吸管排入储水瓶中,同时自记笔下降到起点。如继续下雨,浮子室继续充水,自记笔又重新向上移动,这样反复循环,就把降雨过程完整地记录下来。自记雨量计能自动连续地把降雨过程记录下来。从记录纸上可确定降雨起讫时间、雨量随时间变化的累积过程、时段雨量、雨强等。

(2)翻斗式自记雨量计采用翻斗式传感器、电量输出、图形记录和同步数字显示降水量,记录和计数的分辨能力为 0.1 mm 或 0.2 mm。传感器部分由承雨器、上翻斗、计量翻斗、计数翻斗、转换开关及外壳等组成。记录器部分,主要由步进图形记录器、计数器和电子传输线路部件等组成。翻斗式自记雨量计的承雨器接受的雨水流入对称的翻斗的一侧,当接满 0.1 mm 雨量时,翻斗倾于一侧把雨水全部泼掉,另一翻斗则处于进水状态。每次翻转将发出一个脉冲信号,由记录设备记下这些信号并换算为雨量。

(三)降水量资料整理

1. 一般规定

(1)审核原始记录,检查观测、记载、缺测等情况。在自记记录的时间误差和降水量误差超过规定时,分别进行时间订正和降水量订正,有故障时进行故障期的降水量处理。同时有自记和人工观测的测站,要对照检查两种记录,如有较大出入,应查明原因,予以处理。

(2)统计日、月降水量,在规定期内,按月编制降水量摘录表。用自记记录整理者,在自记记录线上统计和注记按规定摘录期间的时段降水量。

(3)指导站应按月或按长期自记周期进行合理性检查:①对照检查指导区域内各雨量站日、月、年降水量、暴雨期的时段降水量以及不正常的记录线;②同时有蒸发观测的站应与蒸发量进行对照检查;③同时用雨量器与自记雨量计进行对比观测的雨量站,应相互校对检查。

(4)降水量缺测之日,可根据地形、气候条件和邻近站降水量分布情况,采用邻站平均值法、比例法或等值线法进行插补。当自记雨量计短时间发生故障,使降水量累积曲线发生中断或不正常时,通过分析对照或参照邻站资料进行改正。对不能改正部分采用人工观测记录或按缺测处理。

(5)按月装订人工观测记载簿和日记型记录纸,降水稀少季节,也可数月合并装订。长期记录纸,按每一自记周期逐日折叠,用厚纸板夹夹住,时段始末之月分别贴在厚纸板夹上。

(6)应同时整理兼作地面雨量器(计)观测的降水量数据,资料的整理必须坚持随测、随算、随整理、随分析,以便及时发现观测中的差错和不合理记录,及时进行处理、改正以及备注说明。对逐日测记仪器的记录资料,于每日8时观测后,随即进行昨日8时至今日8时的资料整理,月初完成上月的资料整理。对长期自记雨量计或累积雨量器的观测记录,在每次观测更换记录纸或固态存储器后,随即进行资料整理,或将固态存储器的数据进行存盘处理。

(7)各项整理计算分析工作,必须坚持一算两校,即委托雨量站完成原始记录资料的校正、故障处理和说明,并统计日、月降水量,进行一校、二校及合理性检查。降水量观测记载簿、记录纸及整理成果表中的各项目应填写齐全、不得遗漏。不做记载的项目,一般任其空白。

(8)各项资料必须保持表面整洁、字迹工整清晰、数据正确,如有影响降水量资料精度或其他特殊情况,应在备注栏说明。

2.雨量器观测记载资料的整理

有降水之日,于8时观测完毕后,立即检查观测记载是否正确、齐全。如检查发现问题,应该加注统一规定的整编符号。计算日降水量时,当某日内任一时段观测的降水量注有降水物或整编符号时,则该日降水量也注相应符号。每月初统计填制上月观测记载表的月统计栏各项目。

3.自记雨量计观测记载资料的整理

有降水之日,于8时更换记录纸和量测自然虹吸量或排水量后,立刻检查核算记录雨量误差和计时误差,若超过允许误差应进行订正,然后计算日降水量和摘录时段雨量,月末进行月降水量统计。

对于长期自记雨量计记载资料的整理,在每个自记周期末换纸后,立即检查记录线是否连续正常,计算量测误差和计时误差。若超差,应先进行降水量订正或时间订正,然后计算日降水量,摘录时段雨量,统计自记周期内各月降水量。

二、蒸发观测及资料整理

蒸发是指水由液态或固态转化为气态的现象,是水分子运动的结果。蒸发有植物散发、水面蒸发和土壤蒸发三类。植物散发是土壤中水分经植物根系吸收后输送至叶面,然后由叶片细胞间隙气孔逸入大气,而气孔具有随外界条件变化而缩放的能力,可以调节水分散发的强度。

水面蒸发是指水面的水分由液态转化为气态向大气扩散、运移的过程。单位时间蒸发的水深,称蒸发率或蒸发强度,以 mm/d 计。影响蒸发量的主要因素有气温、湿度、风速、水质及水面大小等。水面蒸发观测资料较多,比较可靠,常作为其他蒸发计算的基础。水面蒸发观测仪器主要有口径为 20 cm 的小型蒸发器、口径为 80 cm 的带套盆的蒸发器和 E-601 型蒸发器。

(一)小型蒸发器

小型蒸发器(见图 4-2)为一口径 20 cm、高约 10 cm 的金属圆盆,口缘镶有内直外斜的刀刃形铜圈,器旁有一倒水小嘴,为了防止鸟兽饮水,器口附有一个上端向外张开成喇叭状的金属丝网圈。小型蒸发器安置在雨量筒附近,终日能够受到阳光照射的地方。要求器口水平,口缘距地面的高度为 70 cm。

图 4-2　小型蒸发器

蒸发量的测定一般是前一日 8 时以专用量杯量清水 20 mm(原量)倒入器内,24 h 后即当日 8 时,再量器内的水量(余量),其减小的量为蒸发量,即蒸发量 = 原量 - 余量;若前一日 8 时到当日 8 时之间有降水,则计算式为:蒸发量 = 原量 + 降水量 - 余量。

口径为 20 cm 的小型蒸发器,虽有易于安装、观测方便的优点,但因暴露在空间,且体积小,其稳定性最差。口径为 80 cm 的套盆式蒸发器,虽然也暴露在空间但因水体增大且带有套盆,改善了热交换条件,其稳定性较 20 cm 小型蒸发器好。

(二)E-601 型蒸发器

E-601 型蒸发器,主要由蒸发桶、水圈、测针和溢流桶四部分组成。在无暴雨地区,可不设溢流桶。蒸发桶是蒸发器的主体部分,是一个器口面积为 3 000 cm² 、具有圆锥底的圆柱桶;水圈装置在蒸发桶外围,由四个形状和大小都相同的弧形水槽组成;测针是专用于测量蒸发器内水面高度的部件;溢流桶是承接因降暴雨而由蒸发桶溢出水量的圆柱形盛水器。

E-601型蒸发器埋入地下,使仪器内水体和仪器外土壤之间的热交换接近自然水体的情况。且设有水圈,不仅有助于减轻溅水对蒸发的影响,而且起到增大蒸发器面积的作用,因而它比前两种稳定性都好。

蒸发量的观测:每日8时观测一次。本日8时到次日8时的蒸发量作为本日蒸发量。用E-601型蒸发器观测时,用测针测量蒸发桶内的水面高度,读至0.1 mm。在测记水面高度后,应目测针尖或水面标志线,当指示针的针尖露出水面(或没入水面1 cm)时,应向桶内加水(或吸水),使水面与针尖齐平,并用测针测出加(吸)水后的水面高度,记入有关记载表的相应栏内,作为次日观测器内水面高度的起算值。在观测时应注意观测溢流桶的水深。

蒸发量的计算:不使用溢流桶时,蒸发量按式(4-14)计算

$$E = P + (h_1 - h_2) \tag{4-14}$$

当使用溢流桶时,计算公式如下

$$E = P + (h_1 - h_2) - Ch_3 \tag{4-15}$$

式中　E ——日蒸发量,mm;

　　　P ——日降水量,mm;

　　　h_1、h_2 ——上次、本次测得蒸发器的水面高度,mm;

　　　h_3 ——溢流桶内水深读数,mm;

　　　C ——溢流桶与蒸发器面积比值。

使用蒸发器观测的蒸发资料,必须通过折算才能得出自然水体的实际蒸发量,即

$$E_W = KE'_W \tag{4-16}$$

式中　E_W ——自然水面蒸发量,mm;

　　　E'_W ——上述蒸发器实测水面蒸发量,mm;

　　　K ——蒸发折算系数,由蒸发站实验取得。

使用水文年鉴中的蒸发资料时,应注意蒸发器类型和口径的不同,以便折算。蒸发量计算中会出现负值,可能是空气水汽凝结量大于水面蒸发量,也可能是其他原因造成的,应查明原因。出现这种情况一律按"0"处理,并在记载表中说明。

(三)蒸发资料整理

蒸发资料整理是指对观测值进行日、月、年蒸发量的计算,并对相关特征值进行统计。对于用蒸发器皿测得的水面蒸发量,由于蒸发器的水热条件、风力影响与天然水体有显著区别,测得的蒸发量偏大,所以不能直接把蒸发器观测成果作为天然水体的蒸发值。有关单位研究表明,蒸发池的直径大于3.5 m以后,蒸发强度与蒸发池面积间的关系才变得较小,因而认为其蒸发量可以为天然蒸发量。

1.逐日蒸发资料整理

暴雨前、后需加测日蒸发量计算,暴雨时段不跨日时,可分段(雨前、雨后和降雨时段)计算蒸发量相加而得。其中,暴雨时段的蒸发量应接近于"0",如不合理,可按"0"处理,取雨前、雨后两时段之和作为日蒸发量。当暴雨时段跨日时,则应检查暴雨时段的蒸发量是否合理。如合理,可根据前、后日各占历时长短及风速、湿度等情况予以适当分配;如不合理,则按"0"处理,把降雨前、后的蒸发量,直接作为前、后日蒸发量。

辅助气象项目中的 1.5 m 高的水汽压、相对湿度、蒸发器水面的饱和水汽压应从《气象常用表》(第一号简本)中查取。查取时需用气压,如本站不观测气压时,可借用邻近气象站的气压资料。如借用站与本站高程差大于 40 m,还需进行气压的高差订正,用订正后的气压进行查算。

2. 逐月蒸发资料整理

蒸发资料应坚持逐月在站整理,北方地区 E–601 型蒸发器冻期一次总量的成果,可在解冻后整理。综合过程线每月一张,按月绘制。图中应绘蒸发量、降水量、水汽压差、气温、风速等日量或平均值。如果有几种蒸发器同时观测,应合绘于一张图中。没有辅助项目的站,可绘蒸发量、降水量过程线,有岸上气温和目估风力的站,将岸上气温和目估风力绘上。

通过有关图表,检查发现问题。对不合理的观测值,原因确切的应予订正,或利用上述图表进行插补,并加注说明,原因不明的不作订正,在资料中说明。由于某种原因造成资料残缺时,可用上述图表分析后插补,但必须慎重。

经合理性检查、资料订正和插补后,即可进行旬、月统计。缺测不能插补的,旬、月值均应加括号。全月资料整理完成后,应编制本月的资料说明,其内容包括:观测中存在的问题及情况(包括有关仪器、观测方法及场地状况等各方面)、通过资料整理分析发现的问题及处理情况、整理后的成果准确度说明。

第三节　水位与流量的测算

一、水位观测

(一)概述

水位是指河流、湖泊、水库及海洋等水体的自由水面离开固定基面的高程,以 m 计。我国统一采用青岛附近黄海海平面作为标准基面,但各流域由于历史原因,仍有沿用以往使用的大沽基面、吴淞基面、珠江基面、废黄河口基面,对这些不同基面的水位,要做相应的修正。

水位是最基本的水文特征,是反映水流变化的重要标志,也是水利建设、防洪抗旱斗争的重要依据。它直接应用于堤防、水库、堰闸、灌溉、排涝等工程的设计,并据以进行水文预报工作。水位又是一项为河流航运、木材浮运、城市用水等国民经济建设服务的基本资料,在航道、桥梁、港口、给水、排水等工程建设中,也都需要了解水位情况。

水位是推算其他水文数据并掌握其变化过程的间接资料。如在水文测验工作中,经常用水位资料通过水位与流量关系推算流量变化过程;用水位推算水面比降;在进行泥沙、水温和冰情等测验时,也需要同时观测水位,作为掌握水流变化的重要标志。此外,在水资源的估算中,水位也是不可缺少的资料。

(二)人工水尺水位观测

水尺是传统的有效的直接观测水位的设备,按水尺的构造形式不同,分为直立式、倾斜式、矮桩式和悬锤式等。直立式水尺是垂直于水平面的一种固定水尺,构造简单,观测方便,为一般测站所普遍采用。倾斜式水尺是沿稳定岸坡或水工建筑物边壁的斜面设置的一种水尺,其刻度直接指示相对于该水尺零点的竖直高度。矮桩式水尺是由设置于观测断面上的一组矮桩和便携测尺组成的水尺,将测尺直立于水面以下某一桩顶,根据其已知桩顶高程和测尺上的水面读数来确定水位。悬锤式水尺是由一条带有重锤的绳或链所构成的水尺,它用于从水面以上某一已知高程的固定点测量距离水面的竖直高差来计算水位。观测水位时,水面在水尺上的读数加上水尺零点高程即为水位。

水位观测的时间和次数,以能测得完整的水位变化过程为原则。当一日内水位平稳或变化缓慢时,可在每日 8 时定时观测一次或 8 时、20 时定时观测两次;水位变化较大时,可在每日 2 时、8 时、14 时和 20 时观测四次;洪水期水位变化急剧时,则应根据需要增加测次,使能测得洪水峰、谷水位和洪水过程。观测时应注意视线水平,注意波浪及壅水的影响,读数应准确无误,读至 0.5 cm。

(三)自记水位计水位观测

利用水尺进行水位观测,需要人按时去观读,而且只能得到一些间断的水位资料。自记水位计能自动记录水位连续变化过程,不遗漏任何突然的变化和转折,有的还能将所观测的数据以数字或图像的形式存储或远传,实现水位自动采集、传输。目前,较常用的自记水位计类型有浮筒式自记水位计、水压式自记水位计、超声波水位计。自记水位计应设置在近河边(或海岸、库岸边)特设的自记井台上,自记井应牢固,进水管应有防浪和防淤措施。

自记水位计的观测,每日 8 时用设置的校核水尺进行校测(方法与直接水尺水位观测校核方法相同)和检查一次。水位变化剧烈时应适当增加校测次数,每日换纸一次(换纸时操作方法按说明书执行);当水位变化较平缓时,一纸可用多日,只要把校核水位及时间记在起始线即可。自记纸换下后,必要时进行时差和水位(水位记录与校核水位相差 2 cm 以上、时差 5 min 以上)订正。在订正基础上,进行水位摘录,摘录点次以能反映水位变化的完整过程、满足日平均水位计算和推算流量的需要为原则。

(四)水位观测成果的计算

1.日平均水位计算

日平均水位的计算方法主要为算术平均法和面积包围法。

1)算术平均法

一日内水位变化缓慢,或水位变化虽较大,但观测是等时距的,可将各次观测的水位用算术平均法计算,见式(4-17)

$$\overline{Z} = \frac{1}{n}(Z_0 + Z_1 + \cdots + Z_n) \tag{4-17}$$

式中　Z_0,Z_1,$\cdots$,Z_n——各次观测的水位,m。

2)面积包围法

适用于水位变化大,一日内观测为不等时距。可将本日 0 ~ 24 时的水位过程线所包围的面积,除以一日的时间得日平均水位,如图4-3所示。用式(4-18)计算日平均水位,即

$$\overline{Z} = \frac{1}{48}\left[Z_0 a + Z_1(a + b) + Z_2(b + c) + \cdots + Z_{n-1}(m + n) + Z_n n\right] \tag{4-18}$$

式中　Z_0,Z_1,$\cdots$,Z_n——各次观测的水位,m;

a , b , c , $\cdots$, m , n ——相邻两次水位间的时间间隔, h。

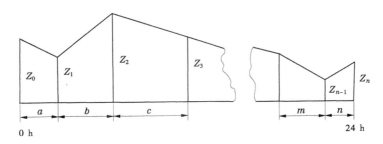

图 4-3　面积包围法示意图

2. 水面比降计算

计算式如下

$$i = \frac{\Delta Z}{L} \times 10\ 000 \qquad (4\text{-}19)$$

式中　i ——水面比降, ‰；

　　　ΔZ——上、下比降水尺水位差, m；

　　　L——上、下比降水尺断面间距, m。

二、流量测验

具体内容见第五章第四节"河流断面流量观测"。

三、水位与流量的关系

(一) 稳定的水位流量关系

稳定的水位流量关系是指同一水位就只有一个相应的流量, 它们二者的关系是一条单一的曲线。根据水力学中的曼宁公式, 天然河道的流量可以用式(4-20)表示

$$Q = \frac{1}{n}\omega R^{\frac{2}{3}} I^{\frac{1}{2}} \qquad (4\text{-}20)$$

式中　Q ——流量, m³/s；

　　　ω ——过水断面面积, m²；

　　　R ——水力半径, m；

　　　n ——糙率；

　　　I ——水面比降。

上式表明, 要使水位流量关系保持稳定, 必须在同一水位下, ω 、R 、n 、I 等因素均保持不变, 或者各因素虽有变化, 但对流量的影响能互相补偿。只有满足上述条件, 水位与流量才能成为稳定的单值关系。

由此可见, 在测站控制良好、河床稳定的情况下, 该测站的水位流量可以保持稳定的单一关系, 点绘出的水位—流量关系曲线, 其点据比较密集, 没有系统的偏离, 如图 4-4 所示。推求流量时, 在稳定的水位—流量关系曲线上, 由已知的水位过程便可求得相应的流量过程。

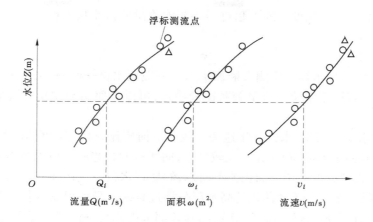

图 4-4　稳定的水位—流量关系图

（二）不稳定的水位—流量关系

不稳定的水位—流量关系，是指在同一水位工作情况下，通过断面的流量不是定值，反映在点绘的水位—流量关系曲线不是单一线。天然河道中由于河床冲淤、洪水涨落、变动回水、结冰等影响，使点绘出来的水位—流量关系不是单一曲线。这时，需对影响因素进行分析，分别加以处理才能建立水位—流量关系，据此由水位推求流量。当水位—流量关系受到多种因素影响时，其处理不像前述图示那样简单，常用连时序法处理。所谓连时序法就是对实测水位流量关系点数据，按时间顺序连接成水位—流量关系线，如图4-5所示。推求流量时可根据水位及时间查相应的曲线段，求出相应的流量。这种方法适用于实测流量次数较多，并在各级水位分布均匀、施测成果质量较好时才能应用。

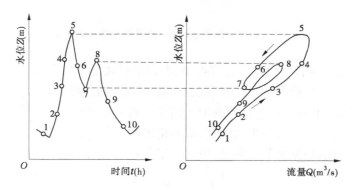

图 4-5　连时序法确定水位—流量关系曲线

（三）水位—流量关系曲线的延长

水文站测流受其测验条件限制，难以测到整个水位变幅的流量资料，洪水时和枯水时均如此。所以需要将水位—流量关系曲线延长。高低水位延长的成果，涉及流量的最大值、最小值，影响规划设计工作，必须保证有一定的精度。在进行水位—流量关系曲线的延长过程中,高水延长幅度一般不超过当年实测流量所占水位变幅的 30% ,低水延长幅度一般不超过 10% 。

1. 高水延长

高水延长的主要依据是实测大断面资料。一般用水位—面积、水位—流速关系或水力学公式延长,若历年水位—流量关系比较稳定,可以参照历年水位—流量关系曲线延长。

(1)根据水位—面积、水位—流速关系延长。河床比较稳定的测站,水位—面积、水位—流速(指断面平均流速)关系点比较集中,曲线有明显趋向。可以根据实测大断面资料绘制所需延长部分的水位—面积关系曲线,然后将水位—流速曲线按照其上端的趋势外延。一般来说,水位—流速曲线的高水部分接近直线。最后根据延长部分的各级水位的流速与相应面积的乘积得流量,并定出延长部分的水位—流量关系曲线,如图 4-6 所示。

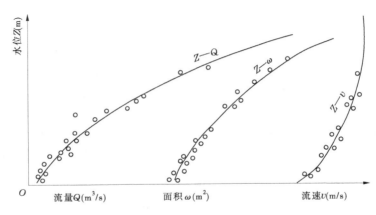

图 4-6　水位—面积、水位—流速关系曲线延长法

(2)用曼宁公式延长。由曼宁公式可知,水力半径通常可用断面平均水深代替,因此流速计算主要取决于比降和糙率。在有比降和糙率资料的测站,可点绘水位—糙率关系曲线并顺势延长,以此确定高水位时的河床糙率。利用高水位时的比降关系实测值,并根据大断面资料由曼宁公式计算平均流速,从而得出高水位时的流量。

对于没有比降和糙率资料的测站,可将曼宁公式改写为

$$\frac{1}{n}I^{\frac{1}{2}} = \frac{v}{R^{\frac{2}{3}}} \approx \frac{v}{\overline{H}^{\frac{2}{3}}} \tag{4-21}$$

式中　v——断面平均流速,m/s;
　　　$\overline{H}$——断面平均水深,m。

根据实测流量资料,计算出每次测流时的 $\frac{v}{\overline{H}^{\frac{2}{3}}}$ 值,该值等于 $\frac{1}{n}I^{\frac{1}{2}}$,因此可点绘出水位

Z— $\frac{1}{n}I^{\frac{1}{2}}$ 关系曲线。当测站河段顺直、断面均匀、坡度平缓时,高水部分的 $\frac{1}{n}I^{\frac{1}{2}}$ 接近于常

数,因此,$Z-\dfrac{1}{n}I^{\frac{1}{2}}$ 关系曲线高水部分可以沿平行于纵轴的趋势外延。同时,由断面测量资料可算出高水时的 $\omega\overline{H}^{\frac{2}{3}}$,与相应的 $\dfrac{1}{n}I^{\frac{1}{2}}$ 相乘,即得相应水位的流量,从而使水位—流量关系曲线得到延长,如图4-7所示。

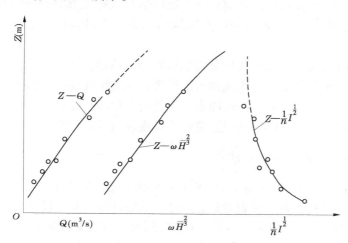

图4-7　用曼宁公式延长水位—流量关系曲线图

2. 低水延长

低水延长一般可采用趋势法延长,也可用断流水位作为控制点,由实测部分向下延长。断流水位即断面流量等于零的水位。断流水位可以根据测站纵、横断面资料判断确定。若测站下游附近有浅滩或石梁,则以其顶部高程作为断流水位;若测站下游很长距离内河底平坦,则取基本断面河底最低点高程为断流水位。

在没有条件确定断流水位时,若断面形状整齐,在低水延长部分的水位变幅内河宽变化不大,又无漫滩、分流等现象,可采用分析法确定断流水位。它假定水位—流量关系曲线中低水部分的方程式为

$$Q = K(Z - Z_0)^n \tag{4-22}$$

式中　Z_0——断流水位;

　　　n、K——固定的指数和系数。

若在实测的水位—流量关系曲线的中低水弯曲部分,依次取 a、b、c 三点,其相应的水位与流量分别为 Z_a、Z_b、Z_c 与 Q_a、Q_b、Q_c,使其满足 $Q_b^2 = Q_a Q_c$,则可解得断流水位为

$$Z_0 = \dfrac{Z_a Z_c - Z_b^2}{Z_a + Z_c - 2Z_b} \tag{4-23}$$

求得断流水位后,以坐标 $(Z_0, 0)$ 为控制点,将水位—流量关系曲线向下延长至最低水位即可。

第四节　泥沙的测算

天然河流中的泥沙经常淤积河道,并对河流的水情、水利水电工程的兴建、河流的变迁及治理产生巨大的影响,因此必须对河流泥沙运行规律及其特性进行研究。泥沙资料也是一项重要的水文信息。河流泥沙测算,就是对河流泥沙进行直接观测,为分析研究提供基本资料。

河流中的泥沙,按其运动形式可分为悬移质、推移质和河床质三类。悬移质泥沙浮于水中并随之运动;推移质泥沙受水流冲击沿河底移动或滚动;河床质泥沙则相对静止而停留在河床上。三者没有严格的界线,随水流条件的变化而相互转化。三者特性不同,测验及计算方法也各异。本节主要介绍悬移质、推移质测验及计算方法。

一、悬移质测验仪器和方法

悬移质悬浮于水中并随水流运动,水流不停地把泥沙从上游输送到下游。描述河流中悬移质的情况,常用的两个定量指标是含沙量和输沙率。单位体积内所含干沙的质量,称为含沙量,用 C_s 表示,单位为 kg/m^3。单位时间流过河流某断面的干沙质量,称为输沙率,以 Q_s 表示,单位为 kg/s。断面输沙率是通过断面上含沙量测验,配合断面流量测量来推求的。

目前,悬移质泥沙测验仪器分瞬时式、积时式和自记式 3 种。为了正确测取河流中的天然的含沙水样,必须对各种采样仪器的性能有所了解,通过合理使用,以取得正确的水样。

(一)悬移质泥沙采样器的技术要求

(1)仪器对水流的干扰要小。仪器外形应为流线形,器嘴进水口设置在扰动较小处。

(2)尽可能使采样器进口流速与天然流速一致。当河流流速小于 5 m/s 和含沙量小于 30 kg/m^3 时,管嘴进口流速系数在 0.9~1.1 的保证率应大于 75%;当含沙量为 30~100 kg/m^3 时,管嘴进口流速系数在 0.7~1.3 的保证率应大于 75%。

(3)采取的水样应尽量减少脉动影响。采取的水样必须是含沙量的时均值,同时取得水样的体积要满足室内分析的要求,否则就会产生较大的误差。

(4)仪器能取得接近河床床面的水样,用于宽浅河道的仪器,其进水管嘴至河床床面距离宜小于 0.15 m。

(5)仪器应减少管嘴积沙、器壁粘沙。

(6)仪器取样时,应无突然灌注现象。

(7)仪器应具备结构简单,部件牢固,安装容易,操作方便,对水深、流速的适应范围广等特点。

(二)常用采样器结构、性能特点及采样方法介绍

1. 横式采样器

横式采样器属于瞬时采样器,器身为一圆管制成,容积为 500~3 000 mL,两端有筒盖,筒盖关闭后,仪器密封。取样时张开两盖,将采样器下放至测点位置,水样自然地从筒内流过,然后操纵开关关闭筒盖。开关形式有拉索、锤击和电磁吸闭三种。横式采样器的结构如图4-8所示。

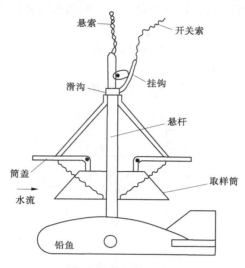

图4-8 横式采样器

横式采样器的优点是,仪器的进口流速等于天然流速,结构简单,操作方便,适用于各种情况下的逐点法或混合法取样。其缺点是不能克服泥沙的脉动影响,且在取样时,严重干扰天然水流,采样器关闭时口门击闭影响水流,如图4-9所示,加之器壁粘沙,使测取的含沙量系统偏小。据有关单位试验,其偏小程度为0.41%~11.0%。

图4-9 横式采样器口门击闭对水样的影响

横式采样器主要应考虑脉动影响和器壁粘沙。在输沙率测验时,因断面内测沙点较多,脉动影响相互可以抵消,故每个测沙点只需取一个水样即可。在取单位水样含沙量时,采用多点一次或一点多次的方法,总取样次数应不少于2~4次。所谓多点一次是指在一条或数条垂线的多个测点上,每点取一个水样,然后混合在一起,作为单位水样。一点多次是指在某一固定垂线的某一测点上,连续测取多次,混合成一个水样,以克服脉动影响。为了克服器壁粘沙,在现场倒过水样并量过体积后,应用清水冲洗器壁,一并注入盛样筒内。采样器采取的水样体积应与采样器本身容积一致,其差值一般不得超过10%,否则应废弃重取。

2. 普通瓶式采样器

普通瓶式采样器的结构如图4-10所示,使用容积由500~2 000 mL的玻璃瓶制成,瓶口加有橡皮塞,塞上装有进水管和排气管,调整进水管和排气管出口的高差 ΔH,选用粗细不同的进水管和排气管,来调整进口流速。采样器最好设置有开关装置,否则不适于逐点法取样。普通瓶式采样器结构简单,操作方便,属于积时式的范畴,可以减少含沙量的脉动影响。但它也存在一些问题,当采样器下放到取样位置时,瓶内的空气压力是一个大气压 P_0,内外压力不等,假设进水管口和排气管口处的水深分别为 H_1 和 H_2,在进水管口处的静水压力为

$$P_1 = P_0 + H_1 \tag{4-24}$$

排气管口处的静水压力为

$$P_2 = P_0 + H_2 \tag{4-25}$$

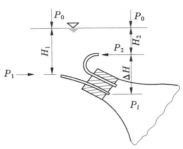

图 4-10 普通瓶式采样器

由于取样器内部压力小于外部压力,在打开进水口和排气口的瞬间,进水口和排气口都迅速进水,出现突然灌注现象。在这一极短的时段内,进口流速比天然流速大得多。进入取样器的水样含沙量,与天然情况差别很大,水深越大,这种误差越大。所以,该仪器不宜在水深较大的河流中使用。

该仪器仅适用于水深为 $1.0 \sim 5.0$ m 的河流中的双程积深法和手工操作取样。

二、悬移质含沙量的计算

悬移质含沙量测验的目的是推求通过河流测验断面的悬移质输沙率及其随时间的变化过程。含沙量测验,一般需要采样器从水流中采集水样。如果水样是取自固定测点,称为积点式取样;如取样时,取样瓶在测线上由上到下(或上、下往返)匀速移动,称为积深式取样,该水样为测线的平均情况。

测验时,用悬移质采样器在每个测点采取水样,及时量取水样体积,以 m^3 计,将水样进行处理,称出干沙质量,以 kg 计,便可计算出各个测点的含沙量 ρ,以 $\mathrm{kg/m}^3$ 计,即

$$\rho = \frac{W_s}{V} \tag{4-26}$$

式中 ρ ——测点含沙量,$\mathrm{kg/m}^3$ 或 $\mathrm{g/m}^3$;

W_s ——水样中的干沙质量,kg 或 g;

V ——水样的体积,m^3。

水样处理的常用方法有三种:

(1)焙干法。将水样静置足够时间使泥沙沉淀,汲去上部清水以浓缩水样,把浓缩后的水样倒入烘杯放入烘箱内烘干,然后称出杯沙质量,减去烘杯质量后得干沙质量。焙干法处理水样产生误差的机会较少,精确度高。凡有天平、烘箱等设备的测站,含沙量小时,

宜采用此法。

（2）过滤法。将水样沉淀、浓缩，然后把浓缩水样用滤纸进行过滤，烘干滤纸和沙，称出质量，求出含沙量。

（3）置换法。水样处理的简易方法可采用置换法。该法先将比重瓶（容积为 V_W，以 cm^3 计）用清水装满，称出瓶加清水的质量 W_W（以 g 计），再将浓缩沙样倒入瓶中，如沙样未将瓶装满，则用清水加满，其体积为 ΔV（以 cm^3 计），称出瓶加浑水的质量 W_{WU}（以 g 计），可用式（4-27）、式（4-28）计算沙样质量和含沙量，即

$$W_i = K(W_{WU} - W_W) \tag{4-27}$$

$$\rho = \frac{1\ 000W_i}{V_W - \Delta V} \tag{4-28}$$

式中　K——置换系数，与温度和泥沙密度有关，一般可采用 1.606。

三、悬移质输沙率的计算

在得出各测点含沙量后，可用流速加权计算垂线平均含沙量。通常包括畅流期的一点法、二点法、三点法、五点法，封冻期的一点法、二点法、六点法，它们各自的垂线平均含沙量的计算式如下。

（一）畅流期计算式

一点法

$$\rho_m = C_1\rho_{0.6} \tag{4-29}$$

二点法

$$\rho_m = \frac{\rho_{0.2}v_{0.2} + \rho_{0.8}v_{0.8}}{v_{0.2} + v_{0.8}} \tag{4-30}$$

三点法

$$\rho_m = \frac{\rho_{0.2}v_{0.2} + \rho_{0.6}v_{0.6} + \rho_{0.8}v_{0.8}}{v_{0.2} + v_{0.6} + v_{0.8}} \tag{4-31}$$

五点法

$$\rho_m = \frac{\rho_{0.0}v_{0.0} + 3\rho_{0.2}v_{0.2} + 3\rho_{0.6}v_{0.6} + \rho_{0.8}v_{0.8} + \rho_{1.0}v_{1.0}}{10v_m} \tag{4-32}$$

（二）封冻期计算式

一点法

$$\rho_m = C_2\rho_{0.5} \tag{4-33}$$

二点法

$$\rho_m = \frac{\rho_{0.15}v_{0.15} + \rho_{0.85}v_{0.85}}{v_{0.15} + v_{0.85}} \tag{4-34}$$

六点法

$$\rho_m = \frac{\rho_{0.0}v_{0.0} + 2\rho_{0.2}v_{0.2} + 2\rho_{0.4}v_{0.4} + 2\rho_{0.6}v_{0.6} + 2\rho_{0.8}v_{0.8} + \rho_{1.0}v_{1.0}}{10v_m} \tag{4-35}$$

式中　C_i——点法的系数，由多年实测资料分析确定，无资料时暂用 0.6；

ρ_m——垂线平均含沙量，kg/m^3 或 g/m^3；

v_m——垂线平均流速，m/s；

ρ_i——测点含沙量（i 为该点的相对水深），kg/m^3 或 g/m^3；

v_i——平均流速（i 为该点的相对水深），m/s。

当为积深法取得的水样时，其含沙量是按流速加权的垂线平均含沙量。

根据各条垂线的平均含沙量和取样垂线间的部分流量，即可按式（4-36）计算输沙率

$$Q_s = \rho_{m1}q_0 + \frac{\rho_{m1} + \rho_{m2}}{2}q_1 + \frac{\rho_{m2} + \rho_{m3}}{2}q_2 + \cdots + \frac{\rho_{m(n-1)} + \rho_{mn}}{2}q_{n-1} + \rho_{mn}q_n \qquad (4\text{-}36)$$

式中　Q_s——断面输沙率，kg/s；

ρ_{mi}——各条测沙垂线的垂线平均含沙量（i 为取样垂线序号，$i = 1, 2, \cdots, n$），kg/m^3；

q_i——以测沙垂线分界的部分流量（i 为取样垂线序号，$i = 1, 2, \cdots, n$），m^3/s。

四、推移质的测算

单位时间内通过测流断面的推移质泥沙质量，称为推移质输沙率，以 Q_b 表示，单位为 kg/s。推移质泥沙测验是为了取得各个时期的推移质输沙率及各项特征值。

测验推移质泥沙时，首先在断面上有推移质的范围内布置若干测线，并尽可能与悬移质输沙率测验垂线重合。在每条测线上，将采样器放在河底，直接采取推移质沙样。自采样器内取出沙样，并用清水将器壁泥沙冲入盛沙筒，测定沙样体积和沙样干重，然后计算垂线的基本输沙率（单位宽度内的输沙率），从而可以计算出断面推移质输沙率。由于测验断面推移质输沙率（简称断推）工作量大，可以用 1~2 条垂线的单位推移质输沙率（简称单推）与断推建立关系。用单推和断推关系推求其变化过程，使推移质泥沙测验工作大大简化。所谓单推，是指在断面某一测线上测得的基本输沙率，该基本输沙率与断推之间具有良好关系。

垂线的基本输沙率是推移质运动强度的一个指标，用式（4-37）计算

$$q_b = \frac{100W_b}{tb_k} \qquad (4\text{-}37)$$

式中　q_b——基本输沙率，$g/(s \cdot m)$；

W_b——推移质沙样质量，g；

t——取样历时，s；

b_k——取样器的进度宽度，cm。

有了基本输沙率便可计算断面推移质输沙率。计算方法有图解法与分析法两种。图解法便于了解推移质基本输沙率沿断面的分布情况，初步估算，宜用该方法。用图解法计算时，先在断面图上绘制基本输沙率沿断面的分布曲线，如图 4-11 所示，曲线两端的基本输沙率应为零，如图 4-11 中的 A、B 两点。为分析研究方便起见，一般将底速分布曲线绘在水面线以下。

用求积仪或数方格法，量出基本输沙率分布曲线与水面线包围的面积，按纵横比例尺换算，即得修正前的断面推移质输沙率。

修正后推移质输沙率用式（4-38）计算

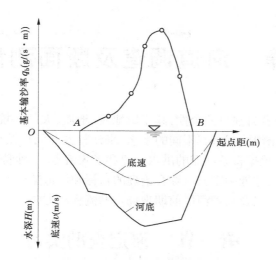

图 4-11　图解法计算断面推移质输沙率

$$Q_b = KQ'_b \qquad\qquad (4\text{-}38)$$

式中　Q_b ——修正后断面推移质输沙率,kg/s 或 t/s;

　　　Q'_b ——修正前断面推移质输沙率,kg/s 或 t/s;

　　　K ——修正系数,为采样器采样效率之倒数,可以通过试验或其他方法确定。

第五章　河道调查及断面测量实习

　　河流有共性也有各自独特的个性,其流域地貌、地质、大气环境、水文特性、下垫面条件的不同,造成了每条河流都有其不同的来水、来沙特性和河床演变特征,从而形成了各种类型的河流。只有根据每条河流的洪水规律和洪灾特点、水沙特性和演变规律、人文习惯和河流肩负的使命,才能确定河流综合治理的目标和河道整治方向,因此需要掌握中小河流治理项目的内容,以及治理河段前期现场查勘流程和方法。

第一节　河道查勘实习

一、河道基本情况调查

　　从现有资料中搜集河道基本情况,重点描述河流概况、流域内地形地貌情况、河道上的主要建筑物、流域水文特性等四方面内容,并结合现场调查进行补充完善。示例如下。

　　(一)河流概况

　　秦皇岛内某河发源于青龙满族自治县境内马尾巴岭,由西北向东南流经柳江盆地后注入渤海。河流全长 67.5 km,其中近 60 km 河段流经山区,并有 9 条小河汇入,仅下游约 12 km 的河段流经倾斜平原。该河流域面积约 618 km²,其中 560 km² 以上为山区,故属于山区河流。河床总高差为 400 m,平均坡降为 5.9‰左右。山神庙以上为 20‰,大桥河口为 1.3‰。河床主要为砾石,少有漂砾和粗中砂。

　　某河流经石门寨、石河镇、山海关等地,该区交通便利,电力资源充沛,矿产资源丰富,乡镇企业星罗棋布,是规划旅游度假、水产养殖、水上娱乐设施,开发资源,建设绿色基地的理想之地。

　　(二)地形地貌

　　某河流经地南高北低。

　　(三)河道上的主要建筑物

　　本辖区内共有主要桥梁 7 座,其中公路桥 5 座,铁路桥 2 座。

　　(四)水文特性

　　某河属于降雨补给型河流,径流的年际、年内变化受降水量影响极大。流域内降水量分布不均,主要集中在 5~10 月,其强度多集中在 7~9 月 3 个月。年最大降水量为 807.1 mm,最小降水量为 469.6 mm,年平均降水量为 604 mm,年最大、最小降水量比值为 1.72。年平均风速 1.9 m/s,最大风速 15.7 m/s,年蒸发量 1 200 mm。某河流域主要河流不同频率年径流量见表 5-1。

表 5-1 某河流域主要河流不同频率年径流量

水系	河流名称	流域面积（km²）	多年平均径流量（m³/s）	不同频率年径流量（m³/s）			说明
				50%	75%	95%	
某河	示例一						
	示例二						
某河流域							

注：现场实习完成后给定数据，采用水文频率分析计算方法。

二、河道现场查勘主要内容

（一）现有河道及堤防描述情况

主要查明河道是否按照防洪标准完成治理情况，河流宽度、河漫滩跨度、水深；主要查清河道堤防达标情况、堤防险工险段情况等。可根据不同河段特征进行分类。

示例：黄垒河南汉村至榆树底村段河道，河宽在 120～200 m，两岸堤防均不完整；河道相对顺直，坡度较缓；河道内淤积较为严重，形成多个沙洲，存在一定的卡口河段；河道内挖沙较为严重，破坏河道，部分河道支离破碎；调查期间河道内杂草变少，部分河底裸露，仅有小股水流。河道两岸部分重要节点位置进行了防护，如威青高速桥下游 1 km 右岸进行了衬砌。现状防洪标准低于 20 年一遇。

（二）穿河（堤）工程

查清水闸、泵站、涵洞、倒虹吸等穿河（堤）工程现状，存在病险情况等，并附照片。某河穿河（堤）建筑物统计表见表 5-2。

表 5-2 某河穿河（堤）建筑物统计表

序号	建筑物位置				建筑物类别	地理坐标		岸别
	市	县（区）	乡（镇）	街（村）		东经（°）	北纬（°）	
1								
2								
3								
4								
5								

（三）拦河闸坝工程

查清河道上水库、拦河闸、拦河坝、橡胶坝等拦河水利工程现状，存在病险情况等，并附照片。某河沿岸拦河坝统计表见表 5-3。

表 5-3　某河沿岸拦河坝统计表

序号	闸、坝名称	闸、坝位置			地理坐标		坝长(m)
		县(区)	乡(镇)	街(村)	东经(°)	北纬(°)	
1							
2							
3							

(四)跨河工程

查清河道上公路、铁路桥梁等跨河工程现状、防洪安全隐患及突发污染事故应急设施情况等问题,并附照片。某河桥梁工程调查表见表5-4。

表 5-4　某河桥梁工程调查表

序号	桥梁名称	桥梁位置			地理坐标		桥梁类别	总长(m)	宽度(m)
		县(区)	乡(镇)	街(村)	东经(°)	北纬(°)			
1									
2									
3									

(五)行洪障碍物

查清河道内严重阻碍行洪的阻水建筑物的分布位置、类型、占用河道空间审批情况、阻水及危害程度等,并拍摄照片。

(六)入河排污口

全面调查入河排污口的分布位置、排污量、审批情况、污染源类型等,并拍摄照片。

(七)特征断面生态要素

1.河道形态

河道形态调查包括河漫滩的宽度、河道纵横剖面、比降。

河道纵横段测量具体内容见本章第三节"河道断面测量实习"。

2.水文要素

水文要素调查包括水深、水面宽度、水质、气味、透明度、底泥等。

3.生态要素

生态要素调查包括岸坡植物种类、河漫滩植物种类及分布、水生植物及数量。

三、野外河道调查工具软件介绍

野外河道调查工具软件主要为奥维互动地图。

奥维互动地图分手机版和电脑版,它支持卫星地图离线下载、语音导航、好友间地图信息共享等诸多功能,非常适合野外河道调查。

使用奥维互动地图前首先把应用程序下载到手机和电脑上,用免费版本即可,只是在野外定位时稍微有点偏移。

（一）奥维互动地图手机版使用方法

使用奥维互动地图记录调查资料时，操作方法如下：

（1）手机开启"GPS"，打开奥维互动地图程序，点击"定位"，确定自己在野外的位置。

（2）长按地图上的定位点，在跳出的"标签设置"对话框中的"名称"中填写调查点的编号，如"大石河调查1"。

（3）在"备注"中记录调查时间（具体到分钟，有利于后期整理照片等信息时确定照片的位置），调查内容。

（4）点击对话框右上角的"保存"，保存调查信息。

（5）以上信息填写完成后，利用相机、测绳、罗盘、米尺等工具进行相应的野外调查作业。

（6）下一个测量点重复步骤（1）~（5）。

所有信息都记录完或野外一天的工作完成后，打开手机的奥维互动地图程序，点击对话框右下角的"更多"选项，选择"数据管理"，点击选项中最上面的"导入导出对象"，选择"导出对象"，在"导出选项"中的名称中输入导出数据名称，如"大石河调查2017-09-13"。注意，一定要在名称栏下的"□导出备注"中打"√"，否则前面备注的信息无法导出。

备份的资料可以选择"发送邮件"直接通过邮箱发送，或"保存到文件"，把备份资料保存到手机文件中。

（二）奥维互动地图电脑版使用方法

电脑打开奥维互动地图程序，通过"更多"→"数据管理"→"导入导出对象"→"从文件导入"，找到前面的"大石河调查2017-09-13"文件，即可将手机里的数据导入电脑中，然后进行相应的后期处理，成图上交即可。

第二节　河道治理规划实习

本节要求学生通过实习掌握河道治理规划的内容、流程，初步掌握河道治理报告编制方法。

一、河道治理规划依据及前期工作

（一）河道治理规划概念

采取各种综合治理措施改善河道边界条件及水流流态以满足人类各项需要和改善生态环境的需要，包括工程、水质保护、生态、景观等治理措施。

传统的河道整治主要包括除涝、水土保持、因航运要求而进行的疏浚及护岸和堤防建设。

（二）规划依据

规划依据包括：

（1）城市总体规划、新城规划、乡（镇）规划、村规划等；并与防洪、水环境、水资源、供排水等规划充分协调。

（2）有关法律法规、方针政策、部门规章、地方性法规等；有关国家、行业和地方技术标准、规范等。

（三）洪水标准的确定

1.防洪标准

防洪标准应根据上述规划和保护对象确定，具体如下：

（1）总流域面积或治理段以上流域面积小于200 km²的平原河道，治理方案以除涝为主，不新建堤防，主要解决除涝问题，除涝标准一般为3~5年一遇，城区段可以为10年一遇，一般不提防洪标准。工程措施有清淤疏浚、弯道凹岸防护、阻水损毁建筑物重建等。

（2）总流域面积或治理段以上流域面积大于200 km²的平原河道，治理方案以除涝、防洪为主，可以新建堤防，主要解决除涝、防洪问题。除涝标准一般为3~5年一遇，城区段可以为10年一遇；防洪标准一般为10~20年一遇，城区段可以为50年一遇。工程措施有清淤疏浚，新建、加固堤防，弯道凹岸防护，新建、重建或加固排水涵洞、阻水损毁桥梁等。

（3）上游为山丘区、中下游为平原，治理段位于河道的中下游平原段的河道，治理方案以防洪、除涝为主，主要解决防洪、除涝问题。防洪标准一般为10~20年一遇，除涝标准一般为3~5年一遇，工程措施有新建或加固堤防，河道清淤疏浚，弯道凹岸防护，新建、重建或加固排水涵洞、阻水损毁桥梁等。

（4）上游为山丘区、中下游为平原，治理段位于河道的上游山丘区段或纯山丘区的河道，治理方案以岸坡防护为主，一般不新建堤防。山丘区河道不提除涝标准，只提防洪标准，防洪标准也只对沿岸村镇提。工程措施有开挖疏浚子槽（常年有水的）、子槽岸坡防护，滩地以上岸坡防护（主要对岸坡以上紧邻村庄段）、阻水损毁桥梁重建等。有堤防段的河道同时要注意排水涵洞的修建。

2. 工程治理标准示例

（1）防洪标准：北涑河行洪流量600 m³/s与沂河50年一遇洪水标准。

（2）排涝标准：按城市5年一遇排涝标准进行河道疏浚。

（四）现状及必要性分析

现状及必要性分析包括：

（1）应根据现场调查情况和收集的资料，分析规划范围内河道的治理现状、存在问题及成因，明确河道（段）的主导功能定位。

（2）宜从防洪、水资源合理配置、水资源保护、供水排水、水环境治理、生态修复等方面提出项目建设的必要性。

（3）宜从技术、经济、管理等方面分析规划实施是否可行。

二、确定整治范围和规模

根据河道现状及规划、治理标准确定河道整治范围和规模。整治工程措施主要有开挖疏浚、堤防建设、护岸建设、渠道建筑物工程（如水闸、排涵、拦河坝）等。同时，需结合景观和交通建设。

　　示例:本次北涑河综合整治工程治理范围为小涑河河口(中泓桩号 0+000)—京沪高速公路(中泓桩号 12+650),河道治理长度 12.65 km。

三、推求设计洪水的方法

　　编制河道治理工程规划时,应进行设计洪水分析计算,按设计流域收集到的资料情况,推求设计洪水的方法分为由流量资料推求设计洪水的方法、由暴雨资料推求设计洪水的方法、由经验公式推求设计洪水的方法和由水文气象资料推求设计洪水的方法四种。

(一)由流量资料推求设计洪水的方法

　　当设计流域洪水流量资料系列较长($n \geqslant 30$ 年)时,经过历史洪水的调查考证后,就可以直接用频率分析方法求得设计洪水;如资料系列较短($n \leqslant 15$ 年),经插补展延后也可应用频率分析法。具体方法是先求符合一定频率的设计洪峰流量和时段设计洪量,然后通过典型缩放法构成一个完整的设计洪水过程线。

(二)由暴雨资料推求设计洪水的方法

　　当设计流域无实测洪水资料而有实测雨量资料(对面雨量和点雨量资料系列 $n \geqslant 30$ 年)时,可通过雨量资料的频率分析先求得设计暴雨,经流域产流计算与汇流计算,由设计暴雨最后推求设计洪水。

(三)由经验公式推求设计洪水的方法

　　当设计流域缺乏实测雨量资料时可使用经验公式法推求。本法是对气候及下垫面因素相似地区实测和调查的洪水资料进行综合归纳,直接建立洪峰流量或洪水总量与各相关影响因素之间的相关关系,并以数学公式给予说明的一种方法。

(四)由水文气象资料推求设计洪水的方法

　　通过对设计流域及附近地区的暴雨气象成因和洪水分析,选定或建立适合当地暴雨特性的暴雨模式,分析和推求可能最大暴雨,然后经流域产流计算与汇流计算,求出可能最大洪水,由此作为重要工程的校核洪水。

四、河道断面设计

　　在现有河道断面基础上,根据排涝水位、防洪水位、设计河底高程(结合现状河底高程)、土渠不冲不淤流速确定横向断面及纵向河道比降。河道比降应结合地形条件及排涝对河底高程的要求,使河底线与地面线基本平行。

　　(1)断面形式:河道横断面形式整体采用梯形断面。

　　(2)边坡:根据土质、水深及河道目前运行情况,为保证河道边坡的稳定,结合《工程地质勘察报告》提供的资料,通过边坡稳定计算确定河道边坡比。

　　(3)糙率:根据沿线土质、地质条件,结合《水力计算手册》中关于渠道及天然河流粗糙系数的有关说明,经综合分析确定治理后河道主河槽糙率。

　　(4)不冲不淤流速:根据《灌溉与排水工程设计规范》(GB 50288—2016),结合河道底层资料经分析计算确定,确定河道不冲流速和不淤流速。

　　(5)排涝水深:为不打乱原排水体系,遵循田间涝水能逐级排出的原则,确定河流排涝水位,按照河道比降,推算至本工程末端,得出排涝控制水位,并确定排涝水深。

（6）设计底宽：据河道的边坡、水深、比降、糙率，按水力学明渠均匀流公式计算满足河道行洪要求的最小设计底宽：

$$Q = AC\sqrt{Ri}, C = \frac{1}{n}R^{1/6} \tag{5-1}$$

式中　　Q——设计流量，m^3/s；

　　　　A——过水断面面积，m^2；

　　　　C——谢才系数；

　　　　R——水力半径，m；

　　　　i——河道比降；

　　　　n——河道糙率。

根据上式计算出最小设计底宽，设计底宽应结合河道现状，综合确定设计底宽。

五、堤防设计

堤线布置应注意以下几个方面：

（1）应基本沿现有堤线或岸线布置，河床狭窄段应尽可能退堤还滩，不得侵占过洪断面。现状无堤段，应根据地形条件，结合水文规划确定的堤距，经方案比选后选定堤线。

（2）原则上不得裁弯取直，要随弯就势，保留河道的自然形态。

（3）改线或新建堤线要进行科学论证，不能完全按照当地政府或居民意见布置堤线，侵占滩地、缩窄行洪断面或者把不必要的保护对象纳入保护范围都是不允许的。

六、河岸护砌设计

（一）一般规定

（1）堤岸受风浪、水流、潮汐作用可能发生冲刷破坏的堤段，应采取防护措施。

堤岸防护工程的设计应统筹兼顾，合理布局，并宜采用工程措施与生物措施相结合的保护方法。

（2）根据风浪、水流、潮汐、船行波作用，地质、地形情况，施工条件，运用要求等因素选择堤岸形式。堤岸保护工程可选用下列形式：①坡式护岸；②坝式护岸；③墙式护岸；④其他防护形式。

（3）堤岸防护工程的结构、材料应符合下列要求：①坚固耐久，抗冲刷、抗磨损性能强；②适应河床变形能力强；③便于施工、修复、加固；④就地取材，经济合理。

（二）示例

根据上述河岸护砌形式确定原则，自某河口至京沪高速公路桥段河道两岸护砌总长25.515 km，其中左岸护砌长12.651 km，右岸护砌长12.864 km。

通过护砌形式方案比选，在拦河闸上下游和古城区段考虑与建筑物的协调统一，采用重力式浆砌石挡土岸墙结构，并设置亲水台阶和靠船码头以体现其亲水性；其余区段结合景观对护砌形式赋予变化，如设置景观石、河岸插柳等生态护岸，充分体现多样性和生态性，并设置亲水台阶、亲水平台以体现亲水性。

第三节　河道断面测量实习

河道断面测量的主要任务,就是进行河道纵、横断面测量和水下地形测量,为工程施工提供必要的河道纵、横断面图和水下地形图。河道测量的工作,包括陆上断面测量及水下地形测量两部分。在进行河道横断面或水下地形测量时,如果作业时间短,河流水位比较稳定,可以直接测定水边线的高程作为水下地形点的起算依据。如果作业时间较长,河流水位变化太大,则应设置水尺随时观测,以保证水面高程的准确性。水深测量常用的工具有测深杆和测深锤等。

一、河道断面测量

(一)河道横断面的概念

河道横断面是垂直于河道主流方向的河道断面,如图 5-1 所示。河道横断面图是垂直于河道主流方向的河床剖面图,包括河谷横断面、施测时的工作水位线和规定年代的洪水位线等要素。

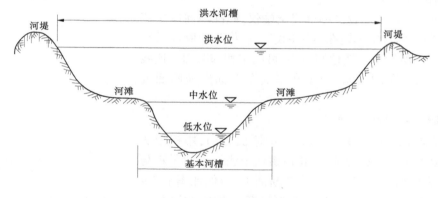

图 5-1　河道横断面示意

(二)河道横断面图的测绘

1.断面基点的测定

断面基点是指代表河道横断面位置并用作测定断面点平距和高程的测站点。在进行河道横断面测量之前,首先沿河布设一些断面基点,并测定它们的平面位置和高程。

1)基点平面位置的确定

通常利用已有地形图上的明显地物点作为断面基点,对照实地按序号打桩标定,不再另行测定其平面位置。对于无明显地物可作为断面基点的横断面,利用支导线测量这些基点的平面位置,并将它们展在地形图上。

在无地形图利用的河道上,可沿河的一岸每隔 50~100 m 布设一个断面基点,所有基点尽量与河道主流方向平行并编号,如图 5-2 所示,相邻基点间测距。为便于测绘水下地形图,在转折点上观测水平角,按导线计算各断面点的坐标。

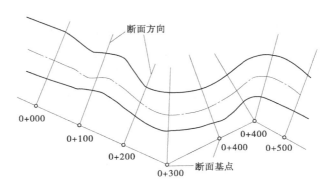

图 5-2　河道横断面基点的布设

2）基点高程的测定

按照等外水准测量从邻近的水准点引测断面基点和水准点的高程。如果沿河没有已知水准点,可先沿河按四等水准要求每隔 1~2 km 设置一个水准点。

2.横断面方向的确定

在断面基点上安置经纬仪或全站仪,照准与河岸主流垂直的方向,倒转望远镜在本岸标定一点作为横断面后视点,如图 5-3 所示。在实地测量中,可测定相邻断面点连线和河道主流方向的夹角,便于在平面图上标出横断面方向。

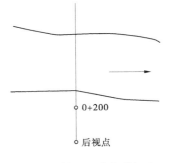

图 5-3　横断面方向的标定

3.陆地部分横断面测量

在断面基点上安置经纬仪,照准断面方向,用视距法依次测定水准点、地形变换点和地物点至测站点的平距与高差,计算出高程。在平缓的均坡断面上,应保证图上 1~3 cm 有一个断面点。每个断面都要测至最高洪水位以上,对于不可到达处的断面点可利用前方交会等方法确定。

4.水下部分横断面测量

水下断面点的高程可根据水深和水面高程计算,其密度依河面宽度和设计要求而定,通常应保证图上 0.5~1.5 cm 有一个断面点,并且不要漏测深泓点(最深点)。测定点位平面位置的方法有视距法、角度交会法、断面索法和 RTK 技术法。

1）视距法

当测船到达测点时,竖立标尺或棱镜,向断面基点发出信号,双方各自同时进行有关测量和记录,确保观测成果与点号相符。断面基点可用经纬仪测视距、竖直角和中丝读数,利用全站仪直接测定距离、高程,测船位置测定水深,并将所测水深按点号转抄到测站记录手簿中。

2）角度交会法

由于河面较宽或其他原因不便进行距离测量时,可以采用角度交会法测定水深点至基点的距离,如图 5-4 所示。

由断面基点量出一条基线 b，测定基线与断面方向的夹角 α。将经纬仪安置在 B 点，照准断面基点并置水平度盘为 $0°00'00''$。当测船到达测点发出信号后，读取水平角 β，然后按式（5-2）解算测点到断面基点的距离 D

$$D = \frac{b\sin\beta}{\sin(\alpha + \beta)} \qquad (5\text{-}2)$$

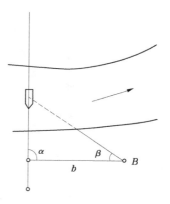

图 5-4　角度交会法

3）断面索法

先在断面靠两岸水边打下定位桩（如图 5-5 所示），在两桩间水平拉一条断面索，以一个定位桩作为断面索零点，从零点起每隔一定间距系一布条，在布条上写明其至零点的距离。沿断面索测深，根据索上的距离加上定位桩至断面基点的距离即水深点至断面基点的距离。

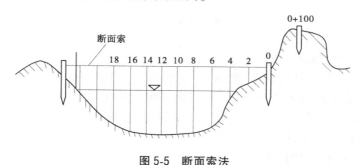

图 5-5　断面索法

4）RTK 技术法

利用 RTK 技术测量断面。RTK 是能够在野外实习时得到厘米级定位精度的测量方法，它采用了载波相位动态实时差分方法。水深测量的作业系统主要由 GPS 接收机、数字化测深仪、数据通信链和便携式计算机及相关软件等组成。测量作业分三步来进行，即测前的准备、外业的数据采集测量作业和数据的后处理形成成果输出。

目前，RTK 高程用于测量水深的误差还比较大，主要用于定位。在作业之前可以把使用 RTK 测量的水位与人工观测的水位进行比较，判断其可靠性。为了确保作业无误，可从采集的数据中提取高程信息绘制水位曲线（由专用软件自动完成），根据曲线的圆滑程度来分析 RTK 高程有没有产生个别跳点，然后使用圆滑修正的方法来改善个别错误的点。

利用 RTK 技术进行水深测量，使得水深测量这项工程变得简单、方便、快捷、轻松、高效、经济。

5.横断面图的绘制

河道横断面图横向表示平距，比例尺一般为 1∶1 000 或 1∶2 000；纵向表示高程，比例尺一般为 1∶200 或 1∶100。绘制时应当注意：左岸必须绘在左边，右岸必须绘在右边。在横断面图上绘出工作水位线，调查了洪水位的地方应绘出洪水位线，如图 5-6 所示。

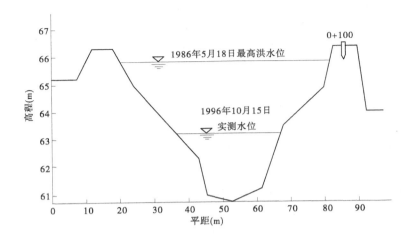

图 5-6 河道横断面图

(三)河道纵断面概念

河道纵断面是沿河道纵向各个最深点(又称深泓点)组成的断面。河道纵断面图是河道纵向各个最深点组成的剖面图,图上包括河床深泓线、归算至某一时刻的同时水位线、某一年代的洪水位线、左右岸堤线以及重要的近河建筑物等要素,河道纵断面图一般依据河道横断面图绘制而成。

(四)河道纵断面图的绘制

河道纵断面图是根据各个横断面的里程桩号(或从地形图上量得的横断面间距)及河道深泓点、岸边点、堤顶(肩)点等的高程绘制而成。在坐标纸上以横向表示平距,比例尺为 1：1 000~1：10 000;纵向表示高程,比例尺为 1：100~1：1 000。为了截图方便,事先应编制纵断面成果表,表中除列出里程桩号和深泓点、左右岸边点、左右堤顶的高程等外,还应根据设计需要列出同时水位和最高洪水位。绘图时,从河道上游断面桩起,依次向下游每一断面中的最深点展绘到图上,连成折线即为河底纵断面;按照类似方法绘出左右岸堤线或岸边线、实测水位线和最高洪水位线,如图 5-7 所示。

二、视距测量

视距测量利用望远镜十字丝分划板上的上、下两根视距丝 a 与 b,配合视距尺和测得的竖直角 α,用视距公式算得水平距离及高差的一种方法(如图 5-8 所示)。视距测量分为精密视距测量(精度在 1/2 000 以上)和普通视距测量(精度在 1/300~1/200)。普通视距测量只能用于建立较低级的平面和高程控制。

(一)水平测距原理

1.观测步骤

(1)如图 5-8 所示,将仪器安置在测站点 A 上。

(2)量取仪器高 i(至毫米或厘米)。

(3)将视距尺竖直立于 B 点上。

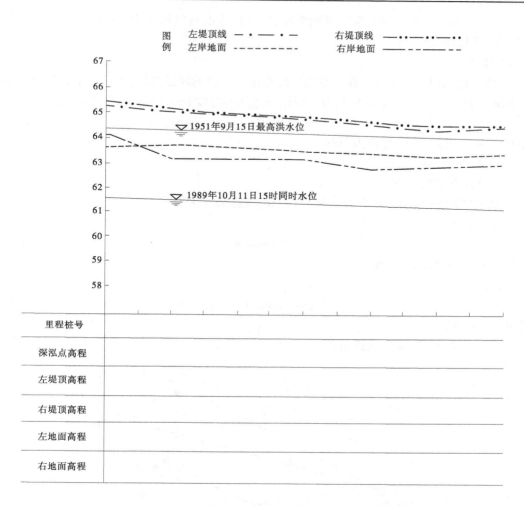

图 5-7 河道纵断面图

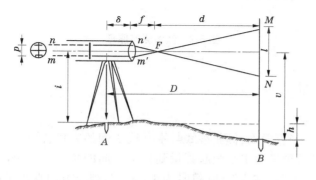

图 5-8 视距测量原理

(4)观测者用望远镜瞄准视距尺上某一高度,分别读取上、下视距丝读数差 l 和中丝

读数 v,然后调节竖直指标水准管微倾螺旋,使指标水准管气泡居中,读取竖盘读数 α,并将所有观测值记录下来。

2.计算原理

根据相似形及光学原理,在仪器出厂时设定了一定的仪器参数,如仪器中心与物镜中心距离 p、物镜焦距 f、十字丝分划板上视距丝之间的宽度 $l=m-n$,根据图 5-9 就能得出:

$$D = kl \tag{5-3}$$

式中　　k——视距常数,通常为 100;

　　　　l——尺间隔读数。

(二)倾斜测距原理

倾斜测距原理如图 5-9 所示。视线倾斜时视距公式为

水平距离:

$$D = kl\cos^2\alpha \tag{5-4}$$

式中　　α——视线的竖直角。

高差:

$$h_{AB} = D\tan\alpha + i - v \tag{5-5}$$

式中　　i——仪器高;

　　　　v——目标高,即中丝读数。

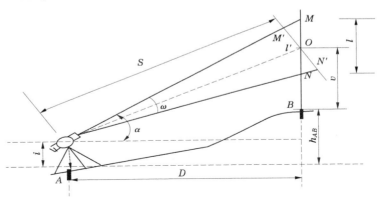

图 5-9　倾斜测距原理

三、竖直角测量

(一)竖直角定义

竖直角是在同一竖直面内,倾斜视线与水平线之间的夹角,简称竖角,竖直角也称倾斜角,用 θ 表示。竖直角是由水平线起算量到目标方向的角度。其角值为 $0° \sim \pm90°$。当视线方向在水平线之上时,称为仰角,符号为正(+);当视线方向在水平线之下时,称为俯角,符号为负(-),如图 5-10 所示。

(二)竖直角计算

计算竖直角的公式,是由两个方向读数(倾斜视线方向读数与水平视线方向读数)之

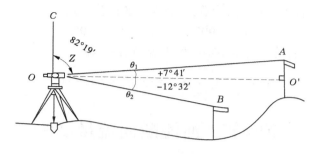

图 5-10　竖直角示意图

差来确定的。问题在于应由哪个读数减哪个读数以及其中视线水平时的读数是多少,这就应由竖盘注记形式确定。其判定方法是,只需对所用仪器以盘左位置先将望远镜大致放平,看一下读数;然后将望远镜逐渐向上仰,再观察读数是增加还是减少,这样就可以确定其计算公式。

当望远镜上倾竖盘读数减小时,竖角＝视线水平时的读数－瞄准目标时的读数;当望远镜上倾竖盘读数增加时,竖角＝瞄准目标时的读数－视线水平时的读数。

计算结果为"＋"是仰角,结果为"－"是俯角。

现以 J_6 级经纬仪中最常见的竖盘顺时针注记形式(如图 5-11 所示)来说明竖直角的计算方法。

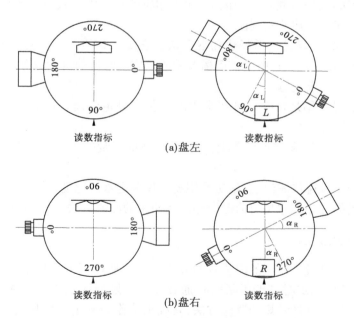

图 5-11　竖盘的注记形式

在盘左位置、视线水平时的读数为 90°,当望远镜上倾时读数减小;在盘右位置、视线水平时的读数为 270°,当望远镜上倾时读数增加。如以"L"表示盘左时瞄准目标时的读

数,"R"表示盘右时瞄准目标时的读数,则竖直角的计算公式为

$$\alpha_{\mathrm{L}} = 90° - L; \alpha_{\mathrm{R}} = R - 270° \tag{5-6}$$

最后,取盘左、盘右的竖直角平均值作为观测结果,即

$$\alpha = \frac{1}{2}(\alpha_{\mathrm{L}} + \alpha_{\mathrm{R}}) = \frac{1}{2}(R - L) - 90° \tag{5-7}$$

第四节　河流断面流量观测

流量是单位时间内通过某一断面的水体体积,单位以 m³/s 计。流量是反映水资源和江河湖库等水体的水量变化的基本资料,也是河流最重要的水文特征值。在进行流域水利规划,各种水工建筑物的设计、施工、管理及运用,防汛抗旱,水质监测和水源保护等方面,都需要流量资料。

一、流量测验的方法

流量测验(测流)的方法很多,按测流的工作原理可分为五大类。

(1)流速-面积法:是通过测量流速和断面面积来推求流量,它是目前国内外广泛使用的方法,在今后一个相当长的时期内,仍将是测流的主要方法。流速-面积法主要有流速仪测流法(包括动船法)、浮标测流法、航空测流法和比降面积法等。

(2)水力学法:是通过测量水力因素,代入相应的水力学公式算出流量的方法。包括量水建筑物测流和水工建筑物测流。

(3)化学法:又称溶液法、稀释法和混合法。它是从物质不灭原理出发,将一定浓度已知量的指示剂注入河水中,由于扩散稀释后的浓度与水流的流量成反比,测定水中指示剂的浓度就可以推算出流量。

(4)物理法:是利用某种物理量在水中的变化来测定流速。这类测流方法有超声波法、电磁法和光学法。

(5)直接法:容积法和重量法都是属于直接测量流量的方法,适用于流量极小的小沟。

本节主要介绍流速仪测流法,该法是用流速仪测定水流速度,并由流速与断面面积的乘积来推求流量的方法。它是目前国内外广泛使用的测流方法,也是最基本的测流方法。

二、流速仪测流法

流速仪测流法是最常使用的流量测验方法。它是通过用流速仪来测定流速,同时施测水道断面(当断面稳定时可借用断面),通过流速和断面面积来计算流量。在我国,流速仪法被作为各类精度站常规的测流方法,其成果可作为率定和校核其他测流方法的标准。

(一)断面测量

断面测量不仅是流量测验的一部分,还是分析测站特性、进行河床演变的研究和河道整治工程施工等必不可少的基础工作。

1.测流原理

由于河流过水断面的形态、河床表面特性、河底纵坡、河道弯曲情况以及冰情等,都对断面内各点流速产生影响,因此在过水断面上,流速随水平及垂直方向的位置不同而变化,即 $v=f(b,h)$。其中,v 为断面上某一点的流速,b 为该点至水边的水平距离,h 为该点至水面的垂直距离。因此,通过全断面的流量 Q 为

$$Q = \int_0^A v\mathrm{d}A = \int_0^B \int_0^{h_b} f(b,h)\mathrm{d}h\mathrm{d}b \tag{5-8}$$

式中　A——水道断面面积,m^2;

　　　$\mathrm{d}A$——A 内的单元面积(其宽为 $\mathrm{d}b$,高为 $\mathrm{d}h$),m^2;

　　　v——垂直于 $\mathrm{d}A$ 的流速,$\mathrm{m/s}$;

　　　B——水面宽度,m;

　　　h——水深,m;

　　　h_b——水边到水面宽为 b 处的水深,m。

因为 $v=f(b,h)$ 的关系复杂,目前尚不能用数学公式表达,实际工作中把上述积分公式变成有限差分的形式来推求流量。流速仪法测流,就是将水道断面划分为若干部分,用普通测量方法测算出各部分断面的面积,用流速仪施测流速并计算出各部分面积上的平均流速,两者的乘积,称为部分流量,各部分流量的和为全断面的流量,即

$$Q = \sum_{i=1}^n q_i \tag{5-9}$$

式中　q_i——第 i 个部分的部分流量,m^3/s;

　　　n——部分的个数。

需要注意的是,实际测流时不可能将部分面积分成无限多,而是分成有限个部分,所以实测值只是逼近真值;河道测流需要的时间较长,不能在瞬时完成,因此实测流量是时段的平均值。

由此可见,流量测验工作实质上是由测量横断面和测量流速两部分工作组成。

2.断面测量

1)断面测量工作内容

断面测量是流量测验工作的重要组成部分。断面测量包括水深、起点距和水位测量。断面测量工作分水道断面测量和大断面测量两种。

水道断面的测量,是在断面上布设一定数量的测深垂线,施测各条测深垂线的起点距和水深并观测水位,用施测时的水位减去水深,即得各测深垂线处的河底高程。

大断面为历年最高洪水位以上 0.5~1.0 m 的断面。它是用于研究测站断面变化的情况以及在测流时不施测断面可供借用断面。大断面测量包括水上和水下两部分。水上部分采用水准仪测量的方法进行,水下部分为水道断面测量(如图 5-12 所示)。由于测水深工作困难,水上地形测量较易,所以大断面测量宜在枯水季节进行。

起点距是指测验断面上的固定起始点至某一垂线的水平距离。大断面和水道断面上各垂线的起点距,均以高水位时基线上的断面桩(一般为左岸桩)作为起算零点。测定起点距的方法很多,有直接量距法、建筑物标志法、地面标志法、计数器测距法、仪器测角交

会法及无线电定位法等。

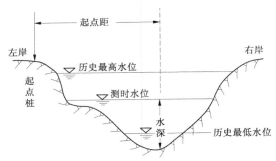

图 5-12　断面测量工作示意图

2）大断面测量

大断面测量是为了监测河床稳定情况、摸清河床各部分的冲淤变化以及变化规律而进行的测站定期或不定期的测量。对于河床比较稳定的测站（水位—面积关系点偏离曲线不超过±3%），每年汛前复测一次；河床不稳定的测站，除每年汛前、汛后施测外，应在当次洪水后及时施测过水断面部分。大断面测量的水下部分测量同水道断面测量。只是每根垂线处的河底高程是通过水位及水深计算出来的。

3）水深测量

（1）测深垂线的布设。

测深垂线要根据能控制断面形状的变化、能绘出正确的断面图的原则进行布设；其分布要能控制河床变化的转折点，且主槽部分比滩地密；测深垂线的数目取决于断面水面宽以及水下地形条件，一般不少于表 5-5 中所列数值。

表 5-5　河流断面垂线数目表

水面宽（m）		<5	5~6	6~50	50~100	100~300	300~1 000	>1 000
最少测深垂线条	窄深河道	5	6	10	12	15	15	15
	宽浅河道			10	15	20	25	>25

（2）水深测量的方法。

测量水体水面某点到其床面的垂直距离的作业称为测深。测深工具主要有测深杆、测深锤、铅鱼、超声波测深仪及其他自动测深仪器等。

①测深杆测深。

测深杆适用于水深较小、流速也较小时的水深测量。

河底比较平整的断面，每条垂线的水深应连测两次。当两次测得的水深差值不超过较小水深值的 2% 时，水深成果取两次水深读数的平均值；当两次测得的水深差值超过 2% 时，应增加测次，水深成果取符合限差 2% 的两次测深结果的平均值。

当多次测量达不到限差 2% 的要求时，水深成果可取多次测深结果的平均值。

河底为乱石或由较大卵石、砾石组成的断面，应在测深垂线处和垂线上、下游及左、右侧共测五点。四周测点距中心点的距离,小河宜为 0.2 m,大河宜为 0.5 m。并取五点水深读数的平均值作为测点水深。

②测深锤测深。

测深锤适用于水深较大、流速也较大时的水深测量。

每条垂线的水深应连测两次。水深成果取两次水深读数的平均值。两次测得的水深差值,当河底为比较平整的断面时水深值不超过较小水深值的 3%,当河底为不平整的断面时水深值不超过 5%;否则应增加测次,取多次测深结果的平均值。

每年汛前和汛后,应对测绳的尺寸标志进行校对检查。当测绳的尺寸标志与校对尺寸的长度不符时,应根据实际情况,对测得的水深进行改正。当测绳磨损或标志不清时,应及时更换或补设。

③铅鱼测深。

铅鱼测深一般根据铅鱼入水和触底的信号,测算期间运移的悬索长度即可实现。

当采用计数器测读水深时,应进行测深计数器的率定、测深改正数的率定、水深比测等工作。

用悬索悬吊测深锤或铅鱼测深时,因水流作用使悬索相对于垂线发生偏斜,因而需读记悬索偏角,对所测水深进行改正。改正通常包括干绳改正和湿绳改正两部分,当悬索偏角大于 10°时,一般进行湿绳改正。干绳长度改正,需要根据悬索高度等情况计算后确定。

(二)流速测量

1.流速仪

流速仪的主要结构由头部、尾部和附属机件三部分组成(如图 5-13 所示)。

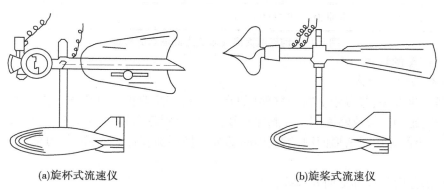

(a)旋杯式流速仪　　　　　　　　　　(b)旋桨式流速仪

图 5-13　流速仪

测流原理是利用水流冲击仪器的旋转器,待旋转一定的次数后,即发出电铃或灯光的信号。

流速仪测流速计算公式为

$$v = a(R/T) + b \qquad\qquad (5-10)$$

式中　v——测定水流速度,m/s;

　　　R——流速仪总转数;

T——测流历时(一般不少于100 s);

a、b——检验系数。

2.测速垂线布设与测点选择

根据水文测验规范,沿水面需布设多条测速垂线,再沿水深布设几个测速点,由点流速计算流量。

测速垂线上测速点的布置,常用一点式、二点式、三点式和五点式(如图5-14所示)布置。

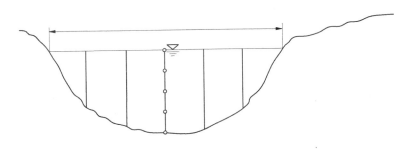

数目	测点位置	适合的水深 h(m)
一点	0.6h 或 0.5h	<1.5
二点	0.2h、0.8h	1.5～2.0
三点	0.2h、0.6h、0.8h	1.5～2.0
五点	水面、0.2h、0.6h、0.8h、河底	>3.0

图 5-14　河流断面测速垂线上测速点的布置

(三) 流量的计算

1.部分面积的计算

根据实测水深、起点距资料经整理(如水深进行偏角改正),并由水位推算河底高程,然后按一定比例尺绘成断面图。以测深垂线为界,分别算出每一部分的面积。其计算方法是:两岸边部分按三角形面积计算,中间部分按梯形面积计算,各部分的总和为水道断面面积。

中间部分面积按梯形面积计算,即

$$A_i = \frac{1}{2}(H_{i-1} + H_i)b_i \tag{5-11}$$

式中　A_i——第 i 个部分的面积;

　　　H_{i-1}——第 $i-1$ 个部分平均水深;

　　　H_i——第 i 个部分平均水深;

　　　b_i——第 i 个部分水面宽度。

岸边的部分面积按三角形面积计算,即

$$A_1 = \frac{1}{2}H_1 b_1 \tag{5-12}$$

式中　A_1——靠岸边部分面积;

　　　H_1——靠岸边部分水深;

　　　b_1——靠岸边部分水面宽度。

2.垂线平均流速的计算

垂线平均流速计算方法如表 5-6 所示。

表 5-6　垂线平均流速的计算

按测点数区分的公式名称	计算公式	适合的水深(m)
一点法	$v_m = v_{0.6}$	<1.5
二点法	$v_m = (v_{0.2} + v_{0.8})/2$	1.5~2.0
三点法	$v_m = (v_{0.2} + v_{0.6} + v_{0.8})/3$	2.0~3.0
五点法	$v_m = (v_{0.0} + 3v_{0.2} + 3v_{0.6} + 2v_{0.8} + v_{1.0})/10$	>3.0

注:v_m 为垂线平均流速,v_i 为平均流速(i 为该点的相对水深)。

3.部分平均流速的计算

中间部分面积上的平均流速计算:

$$\bar{v}_i = \frac{1}{2}(v_{m,i-1} + v_{m,i}) \tag{5-13}$$

式中　$\bar{v}_i$——第 i 个部分平均流速;

　　　$v_{m,i-1}$、$v_{m,i}$——第 $i-1$ 条、第 i 条测线平均流速。

靠岸边部分面积上的平均流速计算:

$$\bar{v}_1 = \alpha v_{m1} \tag{5-14}$$

式中　$\bar{v}_1$——靠岸边部分的平均流速;

　　　v_{m1}——靠岸边第一条测线的平均流速;

　　　α——岸边系数(斜岸坡 $\alpha = 0.7$,陡岸坡 $\alpha = 0.8$,光滑岸坡 $\alpha = 0.9$,死水边 $\alpha = 0.6$)。

已知各垂线平均流速,则可绘出流速分布图(如图 5-15 所示)。

4.部分流量的计算

部分流量等于部分平均流速与部分面积的乘积,即

$$q_i = \bar{v}_i A_i \tag{5-15}$$

5.计算断面流量

$$Q = A_1\bar{v}_1 + A_2\bar{v}_2 + \cdots + A_i\bar{v}_i + \cdots + A_n\bar{v}_n = \sum_{i=1}^{n} A_i v_i \tag{5-16}$$

式中　A_i——断面上的部分面积,m^2;

　　　$\bar{v}_i$——部分面积上的平均流速,m/s。

三、注意事项

(1)携带仪器时,应注意检查仪器箱盖是否关紧锁好,拉手、背带是否牢固。

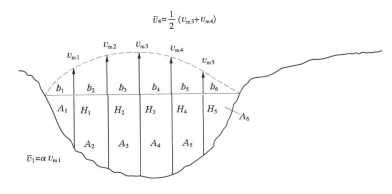

图 5-15　断面流量计算示意图

（2）打开仪器箱后，要看清楚并记住仪器在箱中的安放位置，避免以后装箱困难。

（3）装好仪器后，注意随即关闭仪器箱盖，防止灰尘和湿气进入箱内。仪器箱上严禁坐人。

（4）各制动螺旋勿扭得过紧，微动螺旋和脚螺旋不要旋到顶端。使用各种螺旋都应均匀用力，以免损伤螺纹。转动仪器时，应先松开制动螺旋，再平衡转动。使用微动螺旋时，应先旋紧制动螺旋。动作要准确、轻捷，用力要均匀。

（5）使用仪器时，对仪器性能尚不了解的部件，未经指导教师许可，不得擅自操作。

（6）仪器装箱时，要放松各制动螺旋，装箱后先试关一次，在确认安放稳妥后，再拧紧各制动螺旋，以免仪器在箱内晃动、受损，最后关箱上锁。

（7）仪器搬动时，对于长距离或难行地段，应将仪器装箱，再行搬站。在短距离和平坦地段，先检查连接螺旋，再收拢脚架，一手握基座或支架，一手握脚架，竖直地搬移，严禁横扛仪器进行搬移。

（8）小件工具用完即收，防止遗失。

第六章 河道拦蓄工程实习

在中小河流综合治理过程中,为充分发挥河道的综合效益,美化环境,建设拦蓄工程已成为必不可少的内容。本章结合实习区特点,主要介绍水库、水闸和橡胶坝等常见的水利工程的实习。

第一节 水库实习

水库工程是拦洪蓄水和调节水流的水利工程建筑物。水库建成后,可起防洪、蓄水灌溉、供水、发电、养鱼等作用。有时天然湖泊也称为水库(天然水库)。水库规模通常按库容大小划分,可分为小型、中型、大型等。通过本节实习,了解水库基本建筑物组成、水库主要功能、运行管理要求等,初步掌握水库调查基本知识。

一、水库的作用

(一)防洪作用

水库是我国防洪广泛采用的工程措施之一。在防洪区上游河道适当位置兴建能调蓄洪水的综合利用水库,利用水库库容拦蓄洪水,削减进入下游河道的洪峰流量,达到减免洪水灾害的目的。水库对洪水的调节作用有两种不同方式,一种起滞洪作用,另一种起蓄洪作用。

1.滞洪作用

滞洪就是使洪水在水库中暂时停留。当水库的溢洪道上无闸门控制,水库蓄水位与溢洪道堰顶高程平齐时,则水库只能起到暂时滞留洪水的作用。

2.蓄洪作用

在溢洪道未设闸门情况下,在水库管理运用阶段,如果能在汛期前用水,将水库水位降到水库限制水位,且水库限制水位低于溢洪道堰顶高程,则限制水位至溢洪道堰顶高程之间的库容,就能起到蓄洪作用。蓄在水库的一部分洪水可在枯水期有计划地用于兴利需要。

当溢洪道设有闸门时,水库就能在更大程度上起到蓄洪作用,水库可以通过改变闸门开启度来调节下泄流量的大小。由于有闸门控制,所以这类水库防洪限制水位可以高出溢洪道堰顶,并在泄洪过程中随时调节闸门开启度来控制下泄流量,具有滞洪和蓄洪双重作用。

(二)兴利作用

降落在流域地面上的降水(部分渗至地下),由地面及地下按不同途径泄入河槽后的水流,称为河川径流。由于河川径流具有多变性和不重复性,在年与年、季与季以及地区之间来水都不同,且变化很大。大多数用水部门(例如灌溉、发电、供水、航运等)都要求比较固定的用水数量和时间,它们的要求经常不能与天然来水情况完全相适应。人们为了解决径流在时间上和空间上的重新分配问题,充分开发利用水资源,使之适应用水部门的要求,往往在江河上修建一些水库工程。水库的兴利作用就是进行径流调节,蓄洪补枯,使天然水能在时间上和空间上较好地满足用水部门的要求。

二、水库调度

建造水库是一种普遍的、有效的地表水资源调控工程措施。修建水库能抬高水位,调蓄水量,调节河川天然径流过程,以适应国民经济的要求。为了解决来水与用水之间的矛盾,利用水库控制并将河道天然来水按防洪及兴利要求重新分配,称为径流调节。其中,为提高枯水期(或枯水年)的供水量,满足灌溉、水力发电及城镇工业、生活用水等兴利要求而进行的调节称为兴利调节;为拦蓄洪水、削减洪峰流量,防止或减轻洪水灾害而进行的调节称为防洪调节。

水库调度就是运用水库的调蓄能力,按来水蓄水实况和水文预报,有计划地对入库径流进行蓄泄。在保证工程安全的前提下,根据水库承担任务的主次,按照综合利用水资源的原则进行调度,以达到防洪、兴利的目的,最大限度地满足国民经济各部门的需要。

水库调度是根据各用水部门的合理需要,参照水库每年的蓄水情况与预计的可能天然来水及含沙情况,有计划地合理控制水库在各个时期的蓄水和放水过程,即控制其水位升、降过程。一般在设计水库时,要提出预计的水库调度方案,而在以后实际运行中不断修订校正,以求符合客观实际。

(一)水库调节的分类

利用水库调节径流,是河流综合治理和水资源综合开发利用的一个重要技术措施。通过有效的径流调节,能比较彻底地消除洪水和干旱灾害,更有效地利用水资源,发挥河流水资源在国民经济建设中的重要作用。

1.按调节的目的和重点划分

按调节的目的和重点划分,水库调节可以分为洪水调节和枯水调节。洪水调节的重点在于削减洪峰和下泄洪水流量;枯水调节是为了增加枯水期的供水量,以满足各用水部门的要求。

2.按服务对象和用途划分

按服务对象和用途划分,水库调节分为防洪调节和兴利调节。兴利调节包括灌溉、发电、给水和航运等。

3.按调节周期划分

对多数大中型水库通常采用年调节和多年调节。年调节是指在一年内进行天然径流的重新分配。多年调节是将丰水年多余的水量蓄入水库,以补充枯水年水量的不足。

(二)水库调度方式

1.防洪调度方式

防洪调度方式可分为水库对下游无防洪任务和有防洪任务两类。前者只需解决大坝安全度汛问题,一般采取库水位达到一定高程后即敞泄的调度方式;后者应统一考虑大坝安全度汛及下游防洪安全,在调度中严格按照所用的判别条件(如防洪特征库水位、入库洪峰流量等)决定水库的蓄泄量,在水库防洪标准以内按下游防洪要求调度,来水超过水库防洪标准,则以保大坝安全为主进行调度。下游防洪调度方式一般有固定下泄量方式及补偿调节方式。

2.兴利调度方式

兴利调度包括灌溉、发电、供水、航运等方面,一般要求尽量提高需水期的供水量,常采用以实测入库径流资料为依据绘制的水库调度图进行调度,以具体控制水库的供水量。调度图由调度线划分为若干个运行区,其中主要包括:①以保证正常供水为目标的保证运行区;②以充分利用多余水量扩大效益为目标的加大供水区;③遇枯水年降低供水量幅度以尽量减少损失的降低供水区。在运行中由库水位所在运行区决定水库的运行方式及供水量。对于发电方面,除尽可能减少弃水、充分利用水量外,还要十分注意利用水头的问题。

3.综合利用调度方式

承担防洪、兴利两种以上水利任务的水库的调度方式,除考虑以上所述防洪、兴利的调度方式外,还要着重研究处理防洪与兴利的结合及兴利各任务之间结合的问题。

(三) 水库洪水调节

1.水库调洪的任务和标准

1)防洪任务

在水工建筑物或下游防护对象的防洪标准一定的情况下,根据水文分析计算提供的各种标准的设计洪水或已知的设计入库洪水过程线、水库特性曲线,拟定的泄洪建筑物的形式和尺寸、调洪方式等,通过计算,推求出水库的出流过程、最大下泄流量、特征库容和相应的特征洪水位。

2)防洪标准

防洪标准包括保护对象的防洪标准和水工建筑物的防洪设计标准,它是衡量防洪措施、防洪能力和防御洪水水平的标准。不同防洪保护对象的防洪标准见表 6-1。永久性水工建筑物的防洪标准见表 6-2。

表 6-1　不同防洪保护对象的防洪标准

防护对象		防洪标准		
城镇	工矿区	农田面积(万亩)	重现期(年)	频率(%)
特别重要城市	特别重要工矿区	≥500	≥100	<1
重要城市	重要工矿区	100~500	50~100	1~2
中等城市	中等工矿区	30~100	20~50	2~5
一般城市	一般工矿区	≤30	10~20	5~10

注:1 亩 = 1/15 hm^2,全书同。

表 6-2　永久性水工建筑物的防洪标准

建筑物的级别		1	2	3	4	5
正常运用(重现期,年)		500~2 000	100~500	50~100	30~50	20~30
非常运用(重现期,年)	土坝、堆石坝及干砌石坝	10 000	2 000	1 000	500	300
	混凝土坝、浆砌石坝及其他建筑物	5 000	1 000	500	300	200

2.水库调洪计算原理

水库水量平衡方程:在某一时段内,入库水量减去出库水量,应等于该时段内水库增加或减少的蓄水量,如图 6-1 所示。水量平衡方程为

$$\frac{Q_1 + Q_2}{2}\Delta t - \frac{q_1 + q_2}{2}\Delta t = V_2 - V_1 \tag{6-1}$$

式中　Q_i——入库流量;

　　　q——出库流量;

　　　Δt——时间;

　　　V_i——蓄水量。

(四)水库兴利调节

一般来说,径流调节计算的任务,在已知天然来水的条件下,不外两类:一类是根据用水部门要求的调节流量决定水库所需兴利库容;另一类是已定水库兴利库容,要求解可提供的调节流量。在已知来水条件下,一般可用列表法、差积曲线图解法来求解上述两类课题,或通过确定调节流量和调节库容之间的关系来求解,如图 6-2 所示。

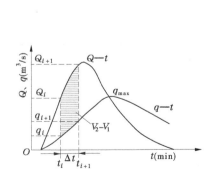

图 6-1　水库水量平衡示意图

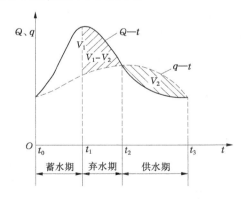

图 6-2　水库年调节一次运用示意图

兴利调节计算基本原理:

$$\Delta V = (Q - q)\Delta t \tag{6-2}$$

式中　Q——计算时段内的平均入库流量;

　　　q——计算时段内的平均出库流量;

Δt——计算时段；

ΔV——计算时段内水库蓄水量的变化值。

三、水库特征水位与特征库容及确定方法

(一)水库特征水位与特征库容

水库特征水位与特征库容示意图见图6-3。

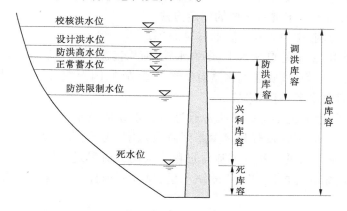

图6-3 水库特征水位和特征库容示意图

1.死水位和死库容

水库在正常运用情况下，允许消落的最低水位，又称设计低水位。

死库容是指死水位以下的水库容积，又称垫底库容。一般用于容纳淤沙、抬高坝前水位和库区水深。在正常运用中不调节径流，也不放空。只有特殊原因，如排沙、检修和战备等，才考虑泄放这部分容积。

2.正常蓄水位和兴利库容

水库的正常蓄水位是水库在正常运用情况下，为满足兴利要求应在开始供水时蓄到的高水位，又称正常高水位、兴利水位。它决定了水库的效益和调节方式，也在很大程度上决定了水工建筑物的尺寸、形式和水库的淹没损失，是水库最重要的一项特征。

兴利库容，即调节库容，是指正常蓄水位至死水位之间的水库容积。用以调节径流，提供水库的供水量或水电站的出力。

3.汛期限制水位

汛期限制水位指水库在汛期允许兴利蓄水的上限水位，是预留防洪库容的下限水位，在常规防洪调度中是设计调洪计算的起始水位。

4.防洪高水位和防洪库容

防洪高水位是水库遇到下游防护对象的设计标准洪水时，在坝前达到的最高水位。只有当水库承担下游防洪任务时，才需确定这一水位。

防洪库容是防洪高水位至防洪限制水位之间的水库容积，用以控制洪水，满足下游防护对象的防洪标准。

5.设计洪水位

设计洪水位是当水库遇到大坝的设计洪水时,在坝前达到的最高水位。它是水库在正常运用情况下允许达到的最高水位,也是挡水建筑物稳定计算的主要依据。

6.校核洪水位

校核洪水位是水库遇到大坝的校核洪水时,在坝前达到的最高水位,它是水库在非常运用情况下,允许临时达到的最高洪水位,是确定大坝顶高及进行大坝安全校核的主要依据。

(二)水库兴利库容与正常高水位的确定方法

以年调节水库为例,说明兴利库容的计算原理。

我国的大气降水,多半是夏秋水丰,冬春水缺,河川径流年内分配很不均匀。同时,用水量在年内分配也不均匀,如农业用水就有明显的季节性,因而在天然来水量与用水量之间常常发生矛盾,有时水多,有时水缺。

解决降水在时间上分配不均的方法是通过建造水库适量蓄水,以丰补枯。蓄水既要满足用水需要,又要节省工程投资和减少库区淹没范围,为此,要计算缺水量。思路是通过对一年中各个时段(月)的天然径流流量过程线与用水流量过程线进行比较,找出各个缺水时段的缺水量,累加即可得出一年的缺水量,再计入损耗水量就是应有的蓄水量,即为兴利库容。

例如,根据某一水文站历年实测的年内来水过程及用户的年内用水过程可计算出任何一年的缺水量,即可计算出任何一年的兴利库容,但我们必须确定出有代表性的兴利库容。实测表明,历年的年径流量各不相同,即年径流量有年际变化。因此,要用概率统计理论来寻求有代表性的缺水年,即设计枯水年,以使计算出的兴利库容对用水有合理的保证。

通常是用多年实测的水文资料绘制出年平均流量序列的累计频率曲线,按照具体情况采用90%~95%的设计累计频率所对应的年径流量作为设计枯水年径流量,选择与设计枯水年径流量相近的、枯水期最长、枯水流量最小的实测年内设计流量过程,按其年径流量与设计枯水年的年径流量的比例,确定设计枯水年的年内设计流量过程线。

具体的计算多采用列表法:首先以一年为计算时间,分别按上述原则求出天然河道不同时段(月)来水量和用水量情况,计算出各月来水量和用水量之差,即为余水量或缺水量;再求出连续缺水月份的缺水量之和,即为兴利库容,按库容与水位的关系曲线,就可确定出正常高水位(设计蓄水位),多余的来水可作为弃水下泄(见表6-3)。

四、石河水库调查

(一)背景介绍

石河洪水峰高量大,常给下游造成较大危害。自清道光二十九年(1849年)至1985年共发生较大洪水6次,1959年7月21~22日,Q_{max} = 4 750 m³/s(小陈庄),洪水淹没农田5 000亩,冲毁铁路路基,威胁山海关。石河为山区性河流,河床总高差400 m,平均坡降6%,山神庙以上20‰,大桥河口1.3‰。河床主要为卵砾石,含漂石和中粗砂;卵砾石主要为火山岩、花岗岩。石河有5条较大支流,即二道河、西石河、花厂峪河、北沙河和鸭水河,多年平均径流量为1.68亿 m³/a,最大为3.85亿 m³/a(1959年),最小为0.292亿 m³/a

表 6-3 考虑损失的年调节水库计算表

月份	来水量（万 m³）	用水量（万 m³）					水量差额（万 m³）		月末库容（万 m³）	弃水量（万 m³）
		灌溉	发电	给水	渗漏及蒸发	合计	盈余	不足		
1	213		509	13	25	547		334	1 730	
2	205	140	461	13	27	641		436	1 294	
3	161		509	13	40	562		401	893	
4	249	379	493	13	47	932		683	210	
5	599	246	509	13	41	809		210	0	
6	1 520	128	495	13	58	694	826		826	
7	1 645	131	508	13	59	711	934		1 760	
8	1 420	112	509	13	49	683	737		2 497	
9	773	14	495	13	42	564	209		2 627	79
10	600		510	13	32	555	45		2 627	45
11	346		493	13	25	531		185	2 442	
12	309	140	509	13	25	687		378	2 064	
合计	8 040	1 290	6 000	156	470	7 916	2 751	2 627		124

（1957 年）。石河洪水期具有洪峰高、流量大、来势猛、历时短、泥沙多等特点。输沙量主要集中于 7~9 月，以 7 月为最；月均输沙率为 26.7 kg/s，年平均输沙量为 10.41 万 t；而 1~5 月和 10~12 月几乎无沙入海。石河水量丰富，以降水补给为主，平均流量很小，为 0.3~0.6 m³/s，枯水期最小为 0.15 m³/s，少数年份局部断流。7~8 月雨季时，径流量占全年的 70%~80%，7 月多年平均径流量为 25.4 m³/s（小陈庄站）。石河大汛周期为 20 年，小汛为 5 年。1959 年 7 月 21~22 日普降暴雨、大暴雨，中心在青龙县高杖子，日降雨量 321.1 mm，24 h 雨量 469.8 mm，山洪暴发，河水猛涨，石河小陈庄站流量 4 750 m³/s。1962 年 7 月 24~26 日，普遍降雨，7 月 24 日起，连续降雨 50 h，27 日 2 时，石河流量 1 410 m³/s。1984 年石河水库最大入库流量为 4 250 m³/s，最大出库流量为 4 180 m³/s。

石河水库（又名燕塞湖）位于山海关区西北部小陈庄山口以北 700 m 处的石河上，坝上控制流域面积 560 km²（占石河流域面积的 93%）。1972 年 4 月 16 日动工，1975 年 6 月 28 日建成使用，是一座以供水为主，兼顾防洪、灌溉、发电等综合效能的中型水库。因风景秀美,20 世纪 80 年代初辟为旅游景点,称燕塞湖。

该水库设计洪水标准为百年一遇,校核洪水标准为千年一遇。按供水保证率 $P = 50\%$,总库容 6 800 万 m³,防洪 4 700 万 m³,兴利 5 163 万 m³,年调节水量 1.01 亿 m³。水库主体工程由大坝及其附属建筑物溢洪道、泄洪洞、放水洞、发电洞和一座坝后式电站组成。大坝坝型为浆砌石重力坝,坝顶高 60.6 m,最大坝高 44.6 m,坝长 365.0 m,其中溢流坝段长 90 m,为实用堰,堰顶高程 47.0 m,上设高 10.2 m、宽 8 m 的升卧式平板钢闸门 9 扇,最大泄洪能力为 7 000 m³/s。坝体上游设有混凝土防渗墙,大坝东西两侧挡水坝段,高程 34 m 处,垂直坝轴线方向各设一条观测廊道。泄洪洞位于大坝左侧主河槽处,为 2 m×2 m 方洞,进口底高程 25.95 m,用于泄洪、冲沙、放空库容,最大泄量 57.3 m³/s。放水洞位于大坝右侧,为 2 m×2 m 方洞,进口底高程 32.0 m,供城区用水,最大输水量 10.88 m³/s,目前供水 1.5 m³/s。发电洞位于大坝左侧,为一直径 1.5 m 的圆洞,进口底高程 35.0 m,引水流量7.5 m³/s。电站位于坝后,装机容量 960 kW,设计年发电 296 万 kWh。

石河水库清风亭地质地貌景观:燕塞湖周边山体主要由燕山期火山喷发岩和花岗岩组成(年代距今 0.65 亿~2.08 亿年)。在此可见有流纹构造的安山岩、奇特别致的火山集块岩和岩盘、岩珠、岩脉等。同位素年龄为 1.4 亿年。远眺对岸(东岸)石壁,陡峭高峻,其南侧火山喷发岩与北侧花岗岩的分界线如削如刻,清晰可见。库尾蟠桃峪村一带,可见石河弯曲于峻岭之间,河流凸岸堆积,凹岸侵蚀并伴有崩积物,峡谷出口见有洪积扇,库水位变动带清晰可见,草木稀少,另在鸭水河向石河入口处上游右岸(南侧)见有一处岩质滑坡。

石河水库水文站观测项目有:坝上、坝下水位,坝上冰情、冰厚、水温,岸上气温,主渠道流量、坝下流量,降雨量、蒸发量、风向、风力、渠道沙量(1982 年)、电洞测流(1985 年)、坝下含沙量及输沙率、坝上水化学及污染监测等。水库上游有 6 个雨量站:驻操营(国家级)、石门寨、刘家房、山神庙、城子峪、平房峪,另外坝址、马顶沟、蟠桃峪也各有一处。

(二)教学目的和教学内容

1.教学目的

(1)了解石河水库坝区主要建筑物布局、水库经济技术指标和主要功能;观察库首区地形地貌、地质构造和岩石。

(2)了解水库库尾水位变化、河流作用、断层、滑坡等。

2.教学内容

(1)请石河水库管理处工程技术人员介绍石河水库的建筑物、各项经济技术指标。

(2)观察库首区地形、地貌、地质条件,了解筑坝条件和选址依据。

(3)到库尾蟠桃峪北山观看石河河谷地貌、河流侵蚀、堆积作用、库岸崩塌、冲积扇和小型滑坡、库尾水位变化。

(三)讨论问题

(1)石河水文状况有何时空变化特征?

(2)选择坝址考虑哪些主要因素?水库有哪些功能?

(3)河流侵蚀与堆积作用有何特点?

第二节 水闸实习

水闸是修建在河道和渠道上,利用闸门控制流量和调节水位的低水头水工建筑物。关闭闸门可以拦洪、挡潮或抬高上游水位,以满足灌溉、发电、航运、水产、环保、工业和生活用水等需要;开启闸门,可以宣泄洪水、涝水、弃水或废水,也可对下游河道或渠道供水。在水利工程中,水闸作为挡水、泄水或取水的建筑物,应用广泛。通过本节实习,使学生掌握水闸的结构构造和设计要点,熟练进行过闸流量分析计算。

一、水闸的类型

(一)按水闸所承担的主要任务分类

按水闸所承担的主要任务分类,水闸可分为进水闸、拦河闸、泄水闸、排水闸、挡潮闸、分洪闸、冲沙闸等(见图6-4)。

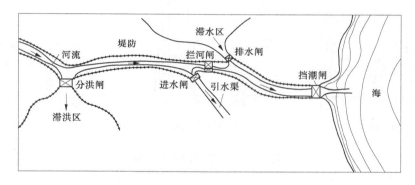

图6-4 水闸的类型及位置示意图

(1)进水闸。又称为取水闸。建在河流、湖泊、水库或引水干渠等的岸边一侧,其任务是为灌溉、发电、供水或其他用水工程引取足够的水量。由于它通常建在渠道的首部,故又称为渠首闸。

(2)拦河闸。闸轴线垂直于或近似垂直于河流或渠道布置。拦河闸的任务是截断河渠,抬高河渠水位,控制下泄流量。在航运工程中,拦河闸不仅能为上游航运提供稳定的航道水深,也能通过保持一定泄流量为下游提供稳定的航道水深。在取水工程中,为进水闸提供高保证率的取水流量。拦河闸控制河道下泄流量,故又称为节制闸。

(3)泄水闸。用于宣泄库区、湖泊或其他蓄水建筑物中无法存蓄的多余水量。在水闸枢纽中,由拦河闸和冲沙闸承担泄水闸的任务。建在土坝等水库枢纽中的泄水闸是河岸溢洪道的控制段,下接泄槽或泄水渠。

(4)排水闸。常建于江河,排除河岸一侧的生活废水和降雨形成的涝水。当江河水位较高时,可以关闭排水闸,防止江水向河岸倒灌;江河水位较低时,可以开闸排涝。

(5)挡潮闸。在沿海地区,潮水沿入海河道上溯,易使两岸土地盐碱化;在汛期受潮水顶托,容易造成内涝;低潮时则内河淡水流失无法充分利用。为了挡潮、御咸、排水和蓄淡,在入海河口附近建闸,称为挡潮闸。

(6)分洪闸。常建于河道的一侧。在洪峰到来时,分洪闸用于分泄河道暂时不能容纳的多余洪水,使之进入预定的蓄洪洼地或湖泊等分洪区,及时削减洪峰,确保下游河道安全。待河道洪水过后,分洪区积水又要经过排水闸排入原河道。

(7)冲沙闸。冲沙闸是为排除泥沙而设置的,防止泥沙进入取水口造成渠道淤积,或将进入到渠道内的泥沙排向下游。在取水枢纽中,冲沙闸一般布置在靠近进水闸处,底板高程低于进水闸的底板高程,以利于降低进水闸前的泥沙淤积高度。

此外,还有排冰闸、排污闸等。

(二)按闸室的结构形式分类

按闸室的结构形式分类,水闸可分为开敞式和涵洞式。开敞式水闸又分为有胸墙和无胸墙两种(见图6-5)。

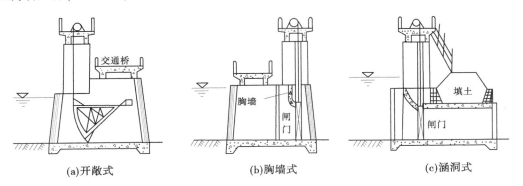

(a)开敞式   (b)胸墙式   (c)涵洞式

图6-5 不同结构形式的水闸

开敞式水闸,当闸门全开时过闸水流通畅,适用于有泄洪、排冰、过木或排漂浮物等任务要求的水闸,节制闸、分洪闸常用这种形式。

涵洞式水闸,适用于闸上水位变幅较大或挡水位高于闸孔设计水位,即闸的孔径按低水位通过设计流量进行设计的情况。

胸墙式水闸的闸室结构与开敞式基本相同,为了减少闸门和工作桥的高度或控制下泄单宽流量而设胸墙代替部分闸门挡水,挡潮闸、进水闸、泄水闸常用这种形式。

二、水闸的组成

水闸通常由闸室段、上游连接段和下游连接段组成(见图6-6)。

(1)闸室段。是水闸的主体,设有底板、闸门、启闭机、闸墩、胸墙、工作桥、交通桥等。底板是闸室的基础,将闸室上部结构的重量及荷载均匀地向地基传递,兼有防渗和防冲的作用;闸门用来挡水和控制过闸流量;闸墩用以分隔闸孔和支承闸门、胸墙、工作桥、交通桥等上部结构。

闸室分别与上、下游连接段和两岸或其他建筑物连接。

(2)上游连接段。主要作用是引导水流平稳地进入闸室,同时起防冲、防渗、挡土等

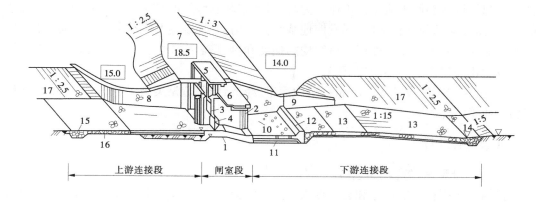

1—闸室底板;2—闸墩;3—胸墙;4—闸门;5—工作桥;6—交通桥;
7—堤顶;8—上游翼墙;9—下游翼墙;10—护坦;11—排水孔;12—消力池;
13—海漫;14—下游防冲槽;15—上游防冲槽;16—上游护底;17—上、下游护坡

图 6-6　水闸的组成

作用,并与闸室共同组成足够长的渗径,确保渗透水流沿两岸和闸基的抗渗稳定性。一般包括上游翼墙、铺盖、护底、两岸护坡及上游防冲槽等。上游翼墙的作用是引导水流平顺地进入闸孔,并起侧向防渗作用。铺盖主要起防渗作用,其表面应满足抗冲要求。护坡、护底和上游防冲槽(齿槽)是为了保护两岸土质、河床及铺盖头部不受冲刷。

(3)下游连接段。具有消能和扩散水流的作用。由消力池、护坦、海漫、防冲槽、下游翼墙、护坡等组成。下游翼墙引导水流均匀扩散兼有防冲及侧向防渗等作用。护坦具有消能防冲作用。海漫的作用是进一步消除护坦出流的剩余动能,扩散水流,调整流速分布,防止河床受冲。下游防冲槽是海漫末端的防护设施,避免冲刷向上游扩展。

三、水闸的工作特点

(1)稳定方面。水闸关门挡水时,闸室将承受上下游水位差所产生的水平推力,使闸室有可能向下游滑动。闸室的设计,须保证有足够的抗滑稳定性。

(2)防渗方面。由于上下游水位差的作用,水将从上游沿闸基和绕过两岸连接建筑物向下游渗透,产生渗透压力,对闸基和两岸连接建筑物的稳定不利,尤其是对建于土基上的水闸,由于土的抗渗稳定性差,有可能产生渗透变形,危及工程安全,故需综合考虑闸址地质条件、上下游水位差、闸室和两岸连接建筑物布置等因素,分别在闸室上下游设置完整的防渗和排水系统,确保闸基和两岸的抗渗稳定性。

(3)消能防冲方面。水闸开闸泄水时,闸室的总净宽度须保证能通过设计流量。闸的孔径,需按使用要求、闸门形式及考虑工程投资等因素选定。由于过闸水流形态复杂,流速较大,两岸及河床易遭水流冲刷,需采取有效的消能防冲措施。对两岸连接建筑物的布置需使水流进出闸孔有良好的收缩与扩散条件。

(4)沉降方面。建于平原地区的水闸地基多为较松软的土基,承载力小,压缩性大,在水闸自重与外荷载作用下将会产生沉陷或不均匀沉陷,导致闸室或翼墙等下沉、倾斜,甚至引起结构断裂而不能正常工作。为此,对闸室和翼墙等的结构形式、布置和基础尺寸的设计,需与地基条件相适应,尽量使地基受力均匀,并控制地基承载力在允许范围以内,必要时应对地基进行妥善处理。对结构的强度和刚度需考虑地基不均匀沉陷的影响,并尽量减少相邻建筑物的不均匀沉陷。

此外,对水闸的设计还要求做到结构简单,经济合理,造型美观,便于施工、管理,以及有利于环境绿化等。

四、水闸设计

(一) 闸址和闸槛高程的选择

根据水闸所负担的任务和运用要求,综合考虑地形、地质、水流、泥沙、施工、管理和其他方面等因素,经过技术经济比较选定。闸址一般设于水流平顺、河床及岸坡稳定、地基坚硬密实、抗渗稳定性好、场地开阔的河段。闸槛高程的选定,应与过闸单宽流量相适应。在水利枢纽中,应根据枢纽工程的性质及综合利用要求,统一考虑水闸与枢纽其他建筑物的合理布置,确定闸址和闸槛高程。

(二) 水力设计

根据水闸运用方式和过闸水流形态,按水力学公式计算过流能力,确定闸孔总净宽度。结合闸下水位及河床地质条件,选定消能方式。水闸多用水跃消能,通过水力计算,确定消能防冲设施的尺度和布置。估算判断水闸投入运用后,由于闸上下游河床可能发生冲淤变化,引起上下游水位变动,从而对过水能力和消能防冲设施产生不利的影响。大型水闸的水力设计,应做水力模型试验验证。

闸孔总净宽 B_0 的计算公式为

$$B_0 = \frac{Q}{\varepsilon \sigma_0 m \sqrt{2g} H_0^{\frac{3}{2}}}$$ (6-3)

式中　Q——过闸流量,m^3/s;

　　　H_0——计入行近流速水头的堰上水深,m;

　　　g——重力加速度,可采用 9.81,m/s^2;

　　　σ_0——堰流淹没系数,可按 $\sigma_0 = 2.31 \frac{h_s}{H_0} (1 - \frac{h_s}{H_0})^{0.4}$,其中 h_s 为从堰顶起算的水深;

　　　m——堰流流量系数;

　　　ε——侧收缩系数。

(三) 抗滑稳定

抗滑稳定性是指坝基岩土体在大坝各种荷载组合作用下,抵抗滑动或剪切破坏的能力。大坝是挡水建筑物,除坝体自重外,还承受很大的水平推力和扬压力,存在向下游滑动的危险性。尤其是重力坝,其稳定性全靠坝体自重来维持。当作用在坝体上的全部荷载对坝基任一可能滑动面的滑动力(对该滑动面的切向分量)大于其阻滑力时,坝基就要发生剪切破坏或滑动。坝基抗滑稳定性是关系到大坝安全的关键问题之一。

根据《水闸设计规范》(SL 265—2016)中的闸室抗滑稳定计算公式为

$$K = \frac{f \sum G}{\sum P} \geqslant [K] \tag{6-4}$$

式中 K——抗滑稳定系数；

f——闸室与地基的摩擦系数；

$\sum G$——作用在闸室上的全部竖向荷载，kN；

$\sum P$——作用在闸室上的全部水平荷载，kN。

（四）防渗排水

根据闸上下游最大水位差和地基条件，并参考工程实践经验，确定地下轮廓线（由防渗设施与不透水底板共同组成渗流区域的上部不透水边界）布置，须满足沿地下轮廓线的渗流平均坡降和出逸坡降在允许范围以内，并进行渗透水压力和抗渗稳定性计算。在渗流出逸面上应铺设反滤层和设置排水沟槽（或减压井），尽快、安全地将渗水排至下游。两岸的防渗排水设计与闸基的基本相同。

（五）结构设计

根据运用要求和地质条件，选定闸室结构和闸门形式，妥善布置闸室上部结构。分析作用于水闸上的荷载及其组合，进行闸室和翼墙等的抗滑稳定计算、地基应力和沉陷计算，必要时，应结合地质条件和结构特点研究确定地基处理方案。对组成水闸的各部建筑物（包括闸门），根据其工作特点，进行结构计算。

第三节 橡胶坝实习

橡胶坝，又称橡胶水闸，是用高强度合成纤维织物做受力骨架，内外涂敷橡胶作保护层，加工成胶布，再将其锚固于底板上呈封闭状的坝袋，通过充排管用水（气）将其充胀形成的袋式挡水坝。坝顶可以溢流，并可根据需要调节坝高，控制上游水位，以发挥灌溉、发电、航运、防洪、挡潮等效益。通过本节实习，使学生对至少一种工况的橡胶坝进行泄流能力计算。

一、橡胶坝的应用范围

橡胶坝主要适用于低水头、大跨度的闸坝工程。主要用于灌溉、防洪和改善环境。

（1）用于水库溢洪道上作为闸门或活动溢流堰，以增加水库库容及发电水头，工程效益十分显著。从水力学和运用条件分析，建在溢洪道或溢流堰上的橡胶坝，坝后紧接陡坡段，无回流顶托现象，袋体不易产生颤动。在洪水季节，大量推移质已在水库沉积，过流时不致磨损坝袋，即使有漂浮物流过坝体，因为有过坝水层保护堰顶急流，也不易发生磨损。

（2）用于河道上作为低水头、大跨度的滚水坝或溢流堰。平层河道的特点是水流比较平稳、河道断面较宽，宜建橡胶坝，它能充分发挥橡胶坝跨度大的优点。

（3）用于渠系上作为进水闸、分水闸、节制闸，能够方便地蓄水和调节水位和流量。

（4）用于沿海岸作为防浪堤或挡潮闸。由于橡胶制品不受海水侵蚀和海生生物的影响，比金属闸门效果好。

（5）用作施工围堰或活动围堰。橡胶活动围堰高度可升可降，并且可从堰顶溢流，不需取土筑堰就可保持河道清洁,节省劳力并缩短工期。

（6）用于城区园林工程。橡胶水坝造型优美,线条流畅。尤其是彩色橡胶水坝更为园林建设增添一幅优美的风景。

二、橡胶坝的类型及特点

（一）橡胶坝的类型

橡胶坝按内部介质可分为充水式和充气式两种（见图6-7）。充水坝的充排时间要长于充气坝,在造价方面,两种坝型相差不多。按坝袋的形式形状可分为枕式、斜坡式（见图6-8）。

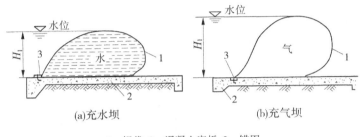

1—坝袋;2—混凝土底板;3—锚固

图 6-7　橡胶坝剖面图

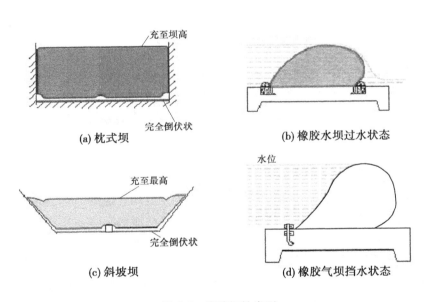

图 6-8　橡胶坝的类型

（二）橡胶坝的结构特点

橡胶坝运用条件与水闸相似,与常规闸坝相比又有以下特点:

（1）造价低。橡胶坝的造价与同规模的常规闸相比可减少投资 30%～70%,这是橡胶坝的突出优点。

（2）节省"三材"。橡胶坝袋是以合成纤维织物和橡胶制成的薄柔性结构，代替钢、木及钢筋砖结构，由于不需要修建中间闸墩、工作桥和安装启闭机具等钢、钢筋砖水上结构，并简化水下结构，因此"三材"用量显著减少，一般可节省钢材 30%～50%、水泥 50%左右、木材 60%以上。

（3）施工期短。橡胶坝袋是先在工厂投靠然后到现场安装，施工速度快，一般只需 3～15 d 即可安装完毕，整个工程结构简单，"三材"用量少，工期一般为 3～6 个月，多数橡胶坝工程是当年施工当年受益。

（4）坝体抗震性能好。橡胶坝的坝体为柔性薄壳结构，富有弹性，伸长率达 600%，具有以柔克刚的性能，故能抵抗强大地震波和特大洪水的波浪冲击。

（5）不阻水，止水效果好。坝袋锚固于底板和岸墙上，基本能达到不漏水。坝袋内水泄空后，紧贴在底板上，不缩小原有河床断面，无须建中间闸墩、启闭机架等结构，故汛期不阻水，可用于城区园林美化。

（6）维修少，管理方便。根据室内测试资料和工程实践，可初步判定橡胶坝的使用寿命为 15～25 年。

三、橡胶坝的构造

橡胶坝主要由土建部分（上下游连接段、基础）、坝袋及锚固件、充排水（气）设施及控制系统等部分组成（见图 6-9）。

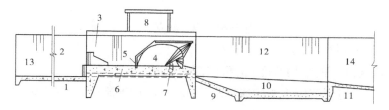

1—铺盖；2—上游翼墙；3—岸墙；4—坝袋；5—锚固；6—基础底板；
7—充排管路；8—操作室；9—斜坡段；10—消力池；11—海漫；
12—下游翼墙；13—上游护坡；14—下游护坡

图 6-9　橡胶坝纵剖面图

（1）上下游连接段及基础部分。这部分的作用是将上游水流平稳而均匀地引入并通过橡胶坝，并保证水流过坝后不产生淘刷。包括基础底板、边墩（墙）、上下游翼墙、上下游护坡、上游防渗铺盖或截渗墙、下游消力池、海漫等。固定橡胶坝坝袋的基础底板要能抵抗通过锚固系统传递到底板的水压力，维持坝体的稳定。这部分的设计方法与水闸相应部分相同。

（2）挡水坝段。由橡胶坝袋、底垫片、锚固系统、充排管路和坝基等组成，主要作用是调节水位和控制流量。

（3）控制及观测系统。控制系统的主要作用是控制橡胶坝的高度，由水泵（鼓风机或空压机）、机电设备、传感器、管道和阀门等组成，水泵（鼓风机或空压机）、机电设备和阀门一般都布置在专门的水泵房内。

橡胶坝运行时要严格按照规定的方案和操作规程进行,要注意坝袋内的充水(气)压力不能超过设计压力,以免坝袋爆炸。

四、橡胶坝消能防冲设计

橡胶坝的消能防冲设计应综合考虑消能防冲及坝袋振动、磨损等因素。

(一)橡胶坝泄洪能力计算

根据《橡胶坝技术规范》(SL 227—98)规定,橡胶坝泄洪能力可按堰流基本公式计算(见图 6-10):

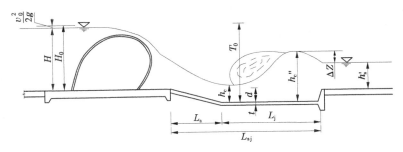

图 6-10　橡胶坝水力计算简图

$$Q = \varepsilon\sigma mB\sqrt{2g}\,H_0^{\frac{3}{2}} \tag{6-5}$$

式中　Q——过坝流量,$\mathrm{m^3/s}$;

　　　B——溢流断面的平均宽度,m,可取河底宽度;

　　　H_0——计入行近流速水头的堰顶水头,m,上游行近流速 v_0,堰上静水头 H,则 $H_0 = H + \dfrac{v_0^2}{2g}$;

　　　m——流量系数,$m = 0.34$;

　　　σ——淹没系数;

　　　ε——堰流侧收缩系数,与边界条件有关。

(二)消力池的设计计算

根据橡胶坝的特点,坍坝泄洪时其上下游水位、过坝流量是变化的,因此在设计消力池时,应对坍坝过程中可能出现的各种水力条件及水位组合情况进行计算,选取最不利组合情况下的计算值,作为选定消力池的深度、长度和底板厚度的依据,使其能满足消散动能与均匀扩散水流的要求,且应与下游河道有良好的衔接。重要的或水流流态较复杂的工程,可通过模型试验对消力池的池长、池深以及上下游水位关系等进行验证。

橡胶坝通常采用底流式消能设施进行消能。设计计算时,一般设定在设计流量或给定流量的条件下,计算在坍坝过程中不同坝袋高度及所对应的下游河床水深下的消力池的池深、池长等。选取上述最不利的计算值,以最终确定消力池的深度、长度和底板厚度等。

1.消力池深度计算

消力池深度可按式(6-6)计算

$$d = \sigma_0 h_c'' - h_s' - \Delta Z \tag{6-6}$$

其中，

$$h_c'' = \frac{h_c}{2}\left(\sqrt{1+\frac{8aq^2}{gh_c^3}}-1\right)\left(\frac{b_1}{b_2}\right)^{0.25}$$

$$h_c^3 - T_0 h_c^2 + \frac{aq^2}{2g\varphi^2} = 0$$

$$\Delta Z = \frac{aq^2}{2g\varphi^2 h_s'^2} - \frac{aq^2}{2gh_c''^2}$$

式中　d——消力池深度，m；

σ_0——水跃淹没系数，可采用 $1.05 \sim 1.10$；

h_c''——跃后水深，m；

h_c——收缩水深，m；

a——水流动能校正系数，可采用 $1.0 \sim 1.05$；

q——过闸单宽流量，m²/s；

b_1——消力池首端宽度，m；

b_2——消力池末端宽度，m；

T_0——由消力池底板顶面算起的总势能，m；

ΔZ——出池落差，m；

h_s'——出池河床水深，m。

2.消力池长度计算

消力池长度可按式(6-7)计算

$$L_{sj} = L_s + \beta L_j$$
$$L_j = 0.69(h_c'' - h_c) \tag{6-7}$$

式中　L_{sj}——消力池长度，m；

L_s——消力池斜坡段水平投影长度，m；

β——水跃长度校正系数，可采用 $0.7 \sim 0.8$；

L_j——水跃长度，m。

第七章　　野外实习主要路线

第一节　　石门寨—傍水崖—花场峪气候气象实习路线

本条实习路线的距离较长,沿途可进行气候气象的调查访问工作,调查访问应从以下几个方面进行。

一、调查访问的内容

(1)地方性天气、气候状况。主要调查实习区冷热、干湿、风、云、雾、霜、露、气象灾害的基本状况。详细记录出现的季节、出现时间、持续时间、强度大小及危害损失程度等。

(2)水文情况。调查实习区河流、湖泊、水库、海洋的分布情况;封冻、开化日期,丰水期、枯水期。

(3)作物生长、分布和物候情况。调查适宜当地种植的作物种类、品种、分布地段、生长期长短,收成及丰歉年气候状况,作物和植物主要发育期时间,动物活动期时间,各牧业生产季节;主要果树、经济林木的种类、分布、面积、产量和对气象条件的要求等。

(4)农谚和群众看天气经验。

(5)环境状况调查地方气候、人文要素,即地貌、水文、土壤、植被、人类活动等因子的状况。认识区内各要素的主要类型、空间分布格局和时间演替规律;了解人类活动的范围、强度及对其他要素的影响;调查个别要素的某些特殊性质。

二、调查访问的方法

调查访问的方法主要有口头访问、开调查会、收集或摘抄各种资料等。通过这些方式可以较全面地了解当地的自然经济、社会的历史和现状,要特别注重涉及气候条件、气象指标和气象灾害的部分。

三、调查访问的对象

调查访问的对象主要有负责生产的干部、有经验的农民、渔民、牧民、林业工人、邮递员、养路工、乡村地理教师等个人;行政部门、生产部门、有关专业部门、科研所、试验站、气象站、历史档案馆等单位。

四、调查访问的提纲

(一)一般性气候调查访问提纲

(1)冷暖情况:温度的一般特征或变化规律(年变化、日变化),最冷、最热的月份,本地相对冷暖区的大致分布。

（2）干湿情况：降水量、降水性质（雨、雾、雹等）、降水出现时间、降水空间分布特点，旱涝发生的年代、季节暴雨、山洪、冰雹、大雪、连旱、连雨情况，本地与邻区降水的差异。

（3）云雾：出现频率、出现季节、出现范围、高度、厚度和持续的时间。

（4）风：最多风向，风向的季节变化和日变化，风速的季节变化和日变化，大风的风向、强度及分布区域。

（5）气象灾害：旱涝、风、霜、雹、冻热、冰凌灾害出现的次数和时间。

（6）天气现象：霜、雪初终期，土壤冻结、解冻期，水面与河流冻结、解冻期，雷声、闪电初终期。

（二）物象调查访问提纲

（1）物体（沙、雪、树等）类型和分布范围。

（2）物体的形状和表面痕迹特征。

（3）物体变形的方向和变形程度。

（三）物候调查访问提纲

（1）指示性植物、动物种类及分布区域。

（2）木本植物的发芽、展叶、开花、果熟、叶变色和落叶期。

（3）草本植物的萌芽、展叶、种子成熟和黄枯期。

（4）候鸟活动时间，蝉、蛙始叫和终叫时间。

（5）本地主要果树或经济林木的发芽、开花、结果、摘果期。

（6）山或草场色调变化时间、花色出现时间。

（四）作物及生产调查提纲

（1）主要作物播种、出苗、分蘖、抽穗、扬花和成熟的时间。

（2）耕作制度和间种、套种情况。

（3）草原放牧期、割草期。

在调查访问中，要随时随地做好各种记录，最好要事先准备好有关记录表格，把走、问、测、记结合起来。

五、气候气象路线考察

气候气象路线考察是为了得到某沿线地带的气候资料而进行的，它是指用少数仪器沿途进行仪器观测、目测、访问，并同附近气象台站配合，以获得所欲调查的路线地带的气候气象资料。

沿途主要观察的内容：各种气象要素的观测（见第二章），气候分区，各种物象、物候、植被、土壤和树木年轮等，可以随时随地调查访问并收集的各种气候资料。

第二节　亮甲山—鸡冠山地质地貌观察路线

一、路线

基地—亮甲山—鸡冠山—基地。

二、教学目的与任务

(1)观察奥陶系冶里组(O_1y)、亮甲山组(O_1l)、马家沟组(O_2m),石炭系本溪组、太原组的岩性、地层层序、地层接触关系;观察新元古界青白口系长龙山组(Qbc)石英砂岩与新太古界绥中黑云母花岗岩的接触关系。

(2)认识断层存在的断层面和断层带上的标志;观察断层组成的地堑构造特征及地貌特征。

(3)练习用罗盘测量岩层的产状。

三、教学内容

(一)亮甲山

亮甲山区域是柳江盆地保护区极为重要的一个保护区块,主要出奥陶纪连续沉积的冶里组、亮甲山组和马家沟组三组地层,亮甲山组为中国北方标准组级地层亮甲山组(O_1l)的命名地点,1919年叶良辅、刘季辰建立亮甲山石灰岩。1921年孙云铸、杨钟健在冶里组之上增设马家沟组和珊瑚石灰岩,珊瑚石灰岩层位与亮甲山组相当。1959年第一届全国地层会议重新厘定了全国地层名称,确定了亮甲山组。

1.岩层产状测定

学生分组用罗盘测量冶里组、亮甲山组和马家沟组岩层产状,练习罗盘的使用(见第三章内容"罗盘的使用")。

2.沉积岩与火山岩接触关系的观察

在石门寨西侧亮甲山采石坑西岩壁上,可观察到冶里组灰色粒屑灰岩、黄色薄层泥质条带灰岩和黄绿页岩,产状为SW230°∠50°、SW205°∠16°。亮甲山灰色或深灰色豹皮灰岩,夹有少量粒屑灰岩和黄绿色钙质页岩。灰岩中脉岩产状有两种类型:一种为顺层侵入的岩床,厚达1 m,向西逐渐尖灭,产状与灰岩产状基本一致;另一种为沿追踪张节理贯入的岩墙。侵入的岩床和岩墙为燕山期的辉绿岩和辉绿玢岩(见图7-1)。沿着亮甲山采石坑西南方向走约500 m,可以观察石炭系本溪组和太原组,含植物化石,太原组砂岩中含铁质结核,本溪组砂岩中含灰岩透镜体。

图7-1　亮甲山采石坑的岩床和岩墙

3.断层观察

石门寨东南126.6高地北采石坑,可观察到一条断层。断层面走向为NNE25°,倾向东,倾角60°。上盘为亮甲山薄层泥质条带灰岩夹薄层砾状灰岩,产状为SW250°∠20°;下盘为张夏组厚层鲕状灰岩。

断裂带宽15 m左右,其中发育有角砾岩,角砾大小不一,多呈菱形与方形,以灰岩角砾为主,被二氧化硅胶结,形成一条硅化带。该断裂带在地貌上反映为一条南北向锯齿状延伸的负地形。如果沿着断裂带追索,可见发育产状 NE40°∠85°延伸的脉岩。

4.地层观察

观察和分析奥陶系冶里组(O_1y)、亮甲山组(O_1l)、马家沟组(O_2m),石炭系本溪组、太原组的岩性、地层层序、地层接触关系。

1)太原组(C_3t)

岩性为灰色-灰绿色粉砂岩、砂岩、页岩与中细粒杂砂岩互层,含铁质结核,有明显的球形风化。本组含少量页岩(相当于 D 层耐火黏土矿)。

——————整合接触——————

2)本溪组(C_2b)

岩性为黄色铁质粗砂岩、小砾岩,灰色细粒石英砂岩含铁质石英粉砂岩,黑灰色炭质页岩,夹泥灰岩透镜体。

----------平行不整合接触----------

3)马家沟组(O_2m,总厚 65 m)

岩性为黄灰、褐灰、灰等色白云质灰岩和白云岩,含燧石条带;底为黄灰色薄层白云岩;顶为黄灰色中层白云岩,具有剥蚀面。

——————整合接触——————

4)亮甲山组(O_1l,厚 65.8 m)

主要岩性为灰色中厚层豹皮灰岩与虫孔状灰岩互层夹砾屑灰岩,顶部为白云质灰岩、厚层灰岩和生物碎屑灰岩含古杯类和藻类化石。其中,豹皮灰岩:白云质团块、风化后呈土黄色或棕褐色的花斑状;虫孔状灰岩:在灰泥沉积物中由于底栖生物钻孔,孔道穿过了细层并在成岩后得以保存,形成虫孔状灰岩。本组属于浅海较深水的静水环境。

——————整合接触——————

5)冶里组(O_1y,出露厚度 65.9 m)

岩性以灰色薄-中层泥质条带灰岩为主,近顶部与砾屑灰岩互层,夹虫孔灰岩、生物碎屑灰岩、黄绿色薄层灰岩、钙质页岩及云斑灰岩;顶部为钙质页岩及泥灰岩。

——————整合接触——————

6)下伏地层:凤山组

岩性为黄色泥灰岩夹黄灰色砾屑泥灰岩,含三叶虫化石。

(二)鸡冠山

鸡冠山至大平台剖面是距今 25 亿~4.8 亿年前约 20 亿年内形成的岩石,这里曾经三次为海,两次为陆,经历了太古代、元古代、古生代三个地质历史时期,发生了五台、吕梁和蓟县三次巨大的地质构造运动,吕梁运动沉积不整合面代表 16 亿年的沉积间断,其下是太古界变质花岗岩,其上是新元古界青白口系长龙山组石英砂岩。

1.鸡冠山地貌特征

在鸡冠山南坡的合适位置,远观鸡冠山的地貌特征。

(1)从地形上看,鸡冠山的上部和下部之间有明显的岩性和形态突变,特征完全不同。上部岩石成层性好,岩层形成直立的陡崖,说明岩石坚硬,抗风化能力强,岩层层面近水平,如一顶帽子戴在鸡冠山顶,状似鸡冠,故称鸡冠山;而下部的岩石却形成约45°的直面山坡。

(2)从表面颜色看,上部岩石的风化面为褐黄色,而下部岩石的风化面为灰白色或浅肉红色。

(3)从岩石构造上看,上、下两部分岩石有很大差别,上部岩石成层性好,层理发育,且近于水平,显然是沉积岩;而下部岩石不具成层性,无层理,各向均一,显然不是沉积岩。

(4)从植被来看,上部顶面生长的为草本、灌木,而下部山坡上以灌木和乔木为主,说明上、下部岩石的风化产物不同。

登上平台后,向南西方向遥望,可观察到鸡冠山地台的全貌。大平台以西,鸡冠山南东方向,两侧地形突然增高,而两者之间为一低矮的平台。这个平台向南西方向收敛,向北东方向发散,成簸箕状,在地貌上表现出为一个地垒地堑。学生在教师的指导下,进行鸡冠山地貌素描(见图7-2)。

图 7-2　鸡冠山地貌远景素描图

2.地层观察

地层的接触关系可分为整合和不整合,不整合又可分为平行不整合和角度不整合。侵入岩出露地表,经长期风化剥蚀后,下降接受沉积,所形成的沉积岩与下伏侵入岩的不整合接触关系称为沉积不整合。鸡冠山石英砂岩和绥中花岗岩的接触关系就属于沉积不整合接触,上部为新元古界青白口系长龙山组(Qbc)石英砂岩,下部为新太古界绥中花岗岩。

(1)新元古界青白口系长龙山组:在鸡冠山到上平山一带仅出露该组中下部地层,厚约80 m,为灰白色中厚层状含砾长石石英砂岩及紫色含铁质中粒石英砂岩。

(2)风化壳:在长龙山组底砾岩之下发育一层厚5~10 cm的灰白色古风化壳,界线不平整,高低起伏,结构较松散,易碎,岩性主要为含砾岩土层。在物质、结构、构造及风化程度等方面,古风化壳与长龙山组底砾岩、石英砂岩有明显的不同。

(3)从上平山向西,到大平台山脚下,是一条南北走向的陡坎。在陡坡与缓坡交界处,可观察到元古界青白口系长龙山组石英砂岩与太古界混合花岗岩呈角度不整合接触关系。

3.方山地貌形态及构造阶地

方山,也称为平顶山或桌面山,它是一种顶部平坦的桌状孤丘,或者是四周为悬崖或陡峭的基岩坡,顶部很宽广,通常是由水平层理的沉积岩构成的孤山。在实习区里,鸡冠山对面的大平台顶平且坡陡,顶部是坚硬的近水平的石英砂岩,下部是绥中花岗岩,构成典型的方山地形。

在大平台和鸡冠山一带,岩层近水平,并发育一系列的正断层,呈阶梯状排列,并且大平台和鸡冠山上部的长龙山组由坚硬的石英砂岩和抗风化能力较弱的粉砂岩及页岩组成,在外力差异侵蚀下,形成构造阶地(见图7-3)。

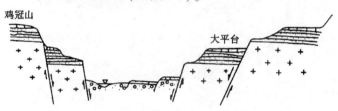

图7-3 鸡冠山地堑及构造阶地剖面示意图

4.断层及沉积构造

断层发育于新元古界长龙山组石英砂岩中(见图7-4),断层破碎带上部宽约40 cm,下部宽约10 cm,向下逐渐消失,破碎带内是一些浅红色的黏土、断层角砾,角砾成分为石英砂岩,呈菱形,棱角明显,具定向排列。断层面较平直,产状为240°∠55°。地层中的泥质粉砂岩(标志层)明显被错开,表明上盘相对下降,据此可以判断断层为正断层。

图7-4 鸡冠山石英砂岩中正断层

5.汤河地堑

站在鸡冠山234.5高地西北约50 m的陡壁上,观察该地区总体的地貌特征。鸡冠山与西侧的大平台遥相对应,两者之间为汤河河谷,河谷东北端宽,西南端窄,谷坡陡,汤河呈河曲状从东北流向西南。在大平台东坡有两个高度不同的台阶,其上部(厚20~30 m)的物质组成相同,为同一层位的长龙山石英砂岩,产状近于水平。虽然这两个台阶出现在河谷谷坡上,但它们不是阶地,其依据是在台阶上没有河流冲积物。两个台阶之间山坡的物质组成为太古代黑云母花岗岩。这样就出现了地层沿层面不连续,低台阶的地层顺层面和花岗岩相抵的现象,由此可推断在两个台阶之间发育有一条断层。根据实地观察,该断层面倾向南东,倾角约61°,上盘(南东盘)相对下降,为正断层(见图7-5、图7-6)。

图 7-5　汤河地堑实景图

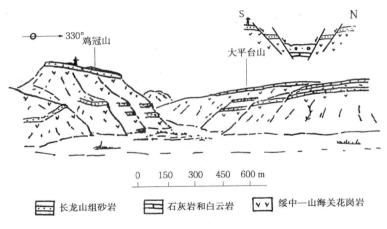

长龙山组砂岩　　　石灰岩和白云岩　　　绥中—山海关花岗岩

图 7-6　汤河地堑剖面示意图

第三节　东部落—潮水峪—砂锅店地质地貌及水文地质路线

一、路线

基地—东部落—潮水峪—砂锅店—基地。

二、教学目的与任务

(1)观察描述寒武统府君山组、馒头组、毛庄组、徐庄组、张夏组、崮山组和凤山组的岩性、地层层序、地层接触关系,认识碳酸盐岩的主要类型并分析其沉积环境。

（2）认识碳酸盐岩的主要类型，重点介绍鲕粒灰岩、竹叶状灰岩及各类波痕、泥裂、叠层石、斜层理、缝合线及虫迹等，并分析其沉积环境。

（3）观察单斜构造地貌（单面山、猪背脊）、侵入岩产状和岩溶地貌（溶沟、石芽）。

（4）了解地下水动态、岩溶泉的特征。

（5）观察岩体的侵入与褶皱、断裂构造的关系，了解地质剖面的类型（路线剖面、实测剖面及图切剖面等），要求学生练习素描东部落西山区域走滑正断层的三角崖面。

三、教学内容

（一）东部落东山坡废石灰窑南采石场观察

（1）下寒武统府君山组（$\in_1 f$）中厚层豹皮灰岩、白云质灰岩、白云岩、沥青质灰岩，与下伏景儿峪组为不平行整合接触关系；

（2）断层：断裂带中可见直立断层泥和岩石裂理（见图7-7）。

图7-7　东部落村东采石场断裂带

（二）东部落村东小路旁和村东南角池塘里岩溶泉观察

该岩溶泉属于暂时性泉，本区属府君山组灰岩，其下是景儿峪组砂岩、泥灰岩，形成隔水层，地下水沿单斜岩层层面流动，在坡麓涌出，形成岩溶泉。由于地下水处在垂直循环带或过渡带，只在洪水季节由于水位上升而暂时涌出成泉。

（三）东部落西北50 m的河沟边断层三角面观察

东部落西山北北西向区域性正断层顺河谷沿东部落西山东边分布，断层走向北北西，断面北东倾，倾角约65°。东盘下降，为河谷地貌，被第四纪冲积物覆盖；西盘上升形成断层崖，经地面流水的侵蚀，形成与断层崖面近于垂直的山谷，断层崖遭受破坏，残留下沿河谷分布的断层三角面。在老师的指导下绘出素描图。

（四）砂锅店村东和东部落村东的岩溶地貌及岩墙观察

砂锅店存在大面积的溶沟（见图7-8）和石芽。溶沟和石芽是石灰岩表面的溶蚀地貌。地表水沿石灰岩坡面流动，溶蚀和侵蚀出的许多凹槽，称为溶沟；溶沟之间的突出部分，称为石芽，石芽分布在溶沟间，有的露出地面，有的埋藏在地下。由于本区石灰岩多薄层，互层且质地多不纯（多硅质、泥质灰岩），溶蚀后形成的溶沟又容易被蚀余的红色黏土充填，因此溶沟和石芽的规模较小，一般石芽小于1.5 m，有的深达十几米，由于本区石灰岩都属单斜构造，石芽和溶沟的形态亦向一侧倾斜。

在岩溶地貌的东北角可以看到长约200 m的岩墙（燕山期花岗斑岩），风化面呈红褐色，新鲜面呈灰黄色，斑状结构（见图7-9）。

图 7-8　砂锅店村东岩溶地貌

图 7-9　砂锅店村东地表出露的岩墙

(五) 东部落北西西方向河沟西侧的山坡寒武纪地层剖面观察

东部落至潮水峪中上寒武统剖面是目前此套地层剖面沿山脊出露、通视条件较好,地貌地物标志明显的剖面。该路线长约 1.5 km,在每一个观察点上对前面的工作进行小结,对组与组的分层界线加以描述。本次主要观察内容如下:

(1)观察毛庄组和徐庄组的分界、徐庄组与张夏组的分界(张夏组的鲕粒灰岩)、张夏组与崮山组的分界(崮山组底部的竹叶状砾屑灰岩)、崮山组与长山组的分界(崮山组顶部紫色竹叶状砾屑灰岩)、长山组与凤山组的分界(凤山组底部的砾屑灰岩夹黄绿色钙质粉砂岩、页岩)。

(2)重点观察沉积岩的组构特征,鲕粒灰岩、竹叶状灰岩及各类波痕、泥裂、叠层石、斜层理、缝合线及虫迹等,并分析其沉积环境。

四、参考资料

东部落西山至潮水峪路线地质剖面图(见图 7-10)。

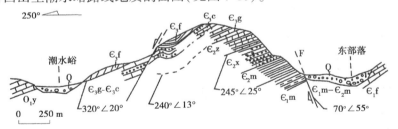

图 7-10　东部落西山至潮水峪地质剖面图

相关地层岩性、地层层序及地层接触关系参考资料如下。

(1)冶里组。

58.青灰色微晶灰岩夹少量砾屑灰岩,含三叶虫化石

————————整合接触————————

(2)凤山组。

57.黄灰色泥灰岩夹少量砾屑泥灰岩和钙质页岩,风化面土黄色,含少量三叶虫化石

56.灰色泥条带灰岩夹砾屑灰岩,含三叶虫化石

55.灰色砾屑灰岩夹黄绿色钙质粉砂岩、页岩

————————整合接触————————

（3）长山组。

54.紫色粉砂岩夹紫色砾屑灰岩,含三叶虫化石

53.紫色粉砂岩夹灰色藻灰岩和紫色砾屑灰岩,含三叶虫化石

52.紫色含海绿石生物砾屑灰岩,含三叶虫化石

————————整合接触————————

（4）崮山组。

51.灰白色厚层藻灰岩,含三叶虫化石

50.紫色砾屑灰岩和紫色粉砂岩互层,含三叶虫化石

49.灰色泥质条带灰岩夹紫灰色鲕状灰岩,含三叶虫化石

48.灰色鲕状灰岩,含三叶虫化石

47.灰色泥质条带灰岩夹紫色砾屑灰岩和灰色鲕状灰岩扁豆体,含三叶虫化石

46.灰色鲕状灰岩夹紫色砾屑灰岩,含三叶虫化石

45.紫色砾屑灰岩和紫色粉砂岩互层,含三叶虫化石

44.灰色藻灰岩,含三叶虫化石

43.紫色砾屑灰岩夹灰白色微晶白云质灰岩和紫灰色鲕状灰岩,含三叶虫化石

42.灰色厚层鲕状灰岩夹紫色砾屑灰岩和少量灰色薄层微晶泥质灰岩,含三叶虫化石

41.紫色页岩夹紫色砾屑灰岩,含三叶虫化石

————————整合接触————————

（5）张夏组。

40.灰色微晶含泥灰岩,顶部为灰色含藻鲕状灰岩,含三叶虫化石

39.紫灰色中厚层鲕状灰岩夹灰色泥晶含泥质灰岩

38.灰色中薄层微晶含泥,含三叶虫化石

37.灰色厚层藻灰岩夹灰色细晶灰岩、灰色微晶含泥灰岩,含三叶虫化石

36.深灰色厚层鲕状灰岩,含三叶虫化石

35.黄绿色页岩

34.灰色含海绿石厚层鲕状灰岩夹少量紫色砾屑灰岩和紫色页岩,含三叶虫化石

33.黄绿色页岩夹灰色鲕状灰岩,含三叶虫化石

32.灰色厚层鲕状灰岩,含三叶虫化石

31.黄绿色粉砂岩夹四层灰色薄层鲕状灰岩,局部夹紫色页岩,含三叶虫化石

————————整合接触————————

（6）徐庄组。

30.黄绿色页岩和粉砂岩互层,局部夹灰岩扁豆体,含三叶虫化石

$\delta\pi$:闪长玢岩侵入

29.黄绿色云母质粉砂岩夹少量页岩,含三叶虫化石

28.黄绿色页岩夹粉砂岩、细砂岩和灰色灰岩透镜体,含三叶虫化石

27.暗紫色页岩夹细砂岩和一层灰岩透镜体,含三叶虫化石

26.黄绿色页岩夹云母质细砂岩,含三叶虫化石

25.暗紫色云母质细砂岩夹黄绿色云母质页岩,含三叶虫化石

24.暗紫色页岩夹黄绿色云母质页岩、紫色鲕状灰岩和暗紫色细砂岩,含三叶虫化石
——————————整合接触——————————

(7)毛庄组。

23.紫红色页岩夹少量紫色灰岩透镜体,含腕足类

22.青灰色页岩

21.黄绿色页岩夹灰色灰岩透镜体

20.紫红色粉砂质页岩夹少量灰岩透镜体

19.紫红色页岩夹四层灰岩透镜体,含三叶虫化石

18.紫红色页岩

17.紫色云母质粉砂岩和紫色粉砂质页岩

16.灰色薄层细晶白云质灰岩

15.紫红色含云母页岩

14.黄灰色薄层细晶白云质灰岩

13.灰黑色中层状微晶白云质灰岩,具波状层理,风化面为灰白色

12.黄绿色钙质页岩
——————————整合接触——————————

(8)馒头组 。

11.鲜红色泥岩

10.紫红色粉砂岩夹少量紫色页岩,石盐假晶

9.紫红色页岩夹少量紫红色粉砂岩,石盐假晶

8.紫红色粉砂岩夹燧石结核、白云质灰岩透镜体和少量土黄色粉砂岩

7.紫红色钙质泥岩夹少量土黄色角砾岩

6.紫红色泥岩、黄灰色泥岩、灰色白云岩及土黄色角砾岩(底砾岩)
————————平行不整合接触————————

(9)府君山组。

5.灰白色白云质灰岩夹暗灰色薄层灰岩,含核形石

4.暗灰色厚层状沥青质白云质灰岩(局部硅化),含莱得利基虫未定种

3.暗灰色薄层豹皮状白云质灰岩(大部分硅化),含莱得利基虫未定种

2.暗灰色中薄层豹皮状白云质灰岩,含翼形莱得利基虫

1.暗灰色厚层豹皮状沥青质细晶灰岩,底产具角砾状灰岩,含翼形莱得利基虫
————————平行不整合接触————————

(10)景儿峪组。

中上部粉红色薄层泥晶灰岩,底部砂岩。
——————————整合接触——————————

(11)长龙山组。

紫红色、黄绿色、灰黑色页岩,底部为砂岩,含砾,具波痕构造,局部含海绿石。

第四节　石门寨—傍水崖—吴庄垭口—花场峪地质地貌路线

一、路线

基地—石门寨—傍水崖—吴庄垭口—花场峪村北长城烽火台—基地。

二、教学目的与任务

（1）熟悉盆地和向斜两个基本概念，要求学生了解其含义，并总结出柳江向斜的主要特点和柳江盆地的区别标志。

（2）观察分析燕山期花岗岩（γ_5^{2-3}）与绥中花岗岩的不同（成分、产状及形成时代等），部分地层产状直立并倒转的原因及局部向斜类型。

（3）观察河流地质作用，了解河流的侵蚀、搬运与沉积作用特点，河谷地形和冲积物特征。观察接触变质带和河流地貌特征，认识河谷三要素和河流阶地。

（4）观察小傍水崖附近的离堆山河谷地貌。

三、教学内容

（一）花场峪一带的燕山期响山花岗岩的观察

花场峪一带花岗岩为深成侵入花岗岩体，河北省地质局区域地质测量二队1∶20万山海关幅地质报告称该岩体为"响山花岗岩"。据化学成分分析，此花岗岩属于碱过饱和岩类，称为碱性花岗岩。同位素年龄鉴定为1亿年（相当于晚白垩世），因此定为燕山运动第三期花岗岩，γ带特征较为明显，可划分为中心相、过渡相和边缘相。在实习区范围内，南从温泉堡，北至花场峪一带所出露的花岗岩，大部分属于响山花岗岩的边缘相或过渡相。

岩体中心相为灰白色中粗粒碱性花岗岩，矿物成分正长石含量约为60%，石英约为30%，其他斜长石、黑云母、角闪石等约为10%。中粗粒花岗结构，块状构造。

岩体过渡相为肉红色中细粒斑状花岗岩，岩石呈似斑状中细粒花岗结构，斑晶最大的粒径可达1 cm。矿物成分正长石含量约为60%，板柱状晶体；石英含量25%以上，等轴粒状晶体；其他少量矿物有斜长石、黑云母、角闪石等。

岩体边缘相紧靠接触带为灰红色花岗斑岩，斑状结构，斑晶多为正长石、石英，粒径一般小于0.5 cm，基质为细粒花岗结构，常呈小岩枝穿入围岩。

（二）吴庄背斜的观察

考察目的地是吴庄背斜、柳江向斜及其中出露的断层。考察路线起于区内东部的吴庄村西，地质位置属柳江向斜的核部，由此向东终止于大石河上庄陀以西的小傍水崖。路线全长近3.0 km，需三次横穿大石河。

吴庄背斜是柳江向斜西翼次级褶皱，背斜轴北向，向北倾伏。它的东翼（柳江向斜西翼）自核部由西向东依次为寒武系徐庄组—凤山组，奥陶系冶里组—马家沟组，石炭系太原组、本溪组,岩层向东倾斜;西翼自核部由东向西依次为寒武系徐庄组—凤山组,岩层向西倾。核部地层为徐庄组,由于燕山期花岗岩与其西翼呈侵入接触,岩石遭受变质、岩层挤压变形,断裂发育,花岗斑岩多处侵入,具有典型的滑塌构造的特点,致使形态较为复杂。

吴庄垭口一带,公路两侧石壁出现一系列挤压紧密的小褶皱,有"九龙壁"之称。岩石变质程度由东向西加重,岩石的变余构造可清楚地看出原来的层理和条带,并见有花岗斑岩岩床。

在吴庄东牌坊位置,见 NNE 向延伸的断层,长达 3 km。该断层断于山西组与下石盒子组地层中,断面产状 110°∠75°,上盘为粉砂质页岩、黏土岩,产状 115°∠65°,下盘为粉砂质页岩,产状 270°∠47°。断面附近片理化现象、透镜体发育,上盘节理发育,旁侧的牵引褶皱、压性断裂特征明显,因此属于逆冲断层。

从 258 高地西 100 m 左右山梁鞍部开始观察,首先见到太原组(C_2t)和本溪组(C_2b),要注意本溪组(C_2b)与马家沟组(O_2m)的接触关系。继而向西会顺序观察到亮甲山组、冶里组、凤山组、长山组、崮山组、张夏组,同时测定本溪组、马家沟组、冶里组和凤山组地层的产状,为 100°∠30°、95°∠47°、70°∠46°、69°∠30°。近山顶处可见一条花岗斑岩脉岩,呈北东向延伸。通过观察可以看出以上地层向东倾,逆倾向穿越,地层时代从新到老,属吴庄背斜的东翼(见图 7-11)。

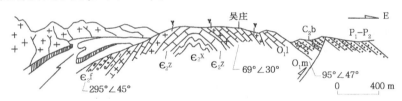

图 7-11　吴庄背斜北段路线构造剖面图

沿路线继续向西观察,在刘家房北西约 500 m 的山坳处,为张夏组鲕粒灰岩,详细追索会发现背斜转折端,其东翼产状为 85°∠24°,西翼产状为 270°∠75°。沿山脊小路向西北追索 50 m 左右,局部地段地层近于水平,又出现崮山组。此时站在山顶向南西方向观察,可见背斜西翼的全貌,并见有两条花岗斑岩岩床(见图 7-12)。

从以上路线观察可完全确定为一背斜构造,地层以徐庄组为核部,两侧地层对称出

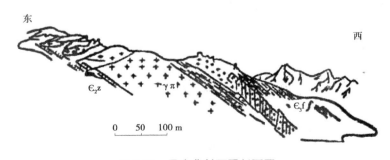

图 7-12　吴庄背斜西翼剖面图

现,核部地层时代为中寒武世,而两翼为晚寒武世、早奥陶世。沿公路观察吴庄背斜核部一系列挤压紧密的褶皱(见图 7-13),同学们在此熟悉用罗盘测量背斜的两翼产状。

图 7-13 吴庄垭口西公路旁小褶皱

从垭口处再向北观察刘家房方向的山脊,会发现该背斜核部恰好是山脊的鞍部,为一负地形(见图 7-14)。

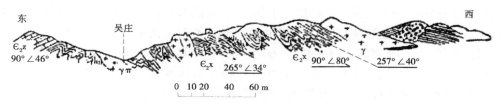

图 7-14 吴庄背斜核部构造剖面图

(三)流域地貌

1.离堆山地貌

小傍水崖离堆山地貌呈近东西向延伸,位于大石河干、支流交汇处,即从在花场峪过来的大石河支流和大傍水崖中的大石河干流交汇处。小傍水崖离堆山的主要岩性为距今 1.87 亿~1.63 亿年的中侏罗统髫髻山组火山岩系安山岩。离堆山是由于河流的侵蚀作用,由河流在曲流发育过程中,河床改道所遗弃的河间高地,是河流地质作用的产物,可以间接指示第四纪地质时期以来新构造运动的活动性质和气候变迁。大石河中的弯曲河流,河床在小傍水崖不再受河岸约束,自由地在宽广的谷底迂回摆动,虽然受到河谷基岩河岸的约束,但常发育并剥蚀地面而下切的河曲,后期地壳抬升,导致河流下切而成。下切过程中同时进行较强的侧蚀,使河的弯曲不断增加,河曲的宽度逐渐变窄,发生自然裁弯,被废弃曲流环绕的基岩——安山岩(中侏罗统髫髻山组 J_2t)被孤立在一侧,成为离堆山,离堆山东侧呈小陡崖状。

2.河流阶地

河流阶地是地壳间歇式上升形成的,一般表现为下蚀作用和侧蚀作用交替进行。地壳不断上升,河流下切的结果就产生了多级阶地,阶地的高度相当于地壳上升的高度。在小傍水崖村东公路旁观察,可以观察大石河五级河流阶地,一级阶地为堆积阶地,由冲积物组成,表层为土壤层,阶面高出水面约 5 m,阶面宽度各处不等;二级阶地也是堆积阶地,阶面高度一般 10~15 m,分布较广,高度稳定,但因人工耕作改造而陡坎不十分明显;三级阶地为基座阶地,上部为冲积物,下部是基岩,阶面高出河床约 25 m,分布连续性较差,大部分遭到明显的人工改造;四级阶地为侵蚀阶地,阶面高度 60 m 左右;五级阶地为侵蚀阶地,阶面高度约 100 m。

3.河流地貌

大石河的水系呈树枝状,水系的形成十分复杂。傍水崖以上河段,据河谷特征,河谷形成在地壳上升之前或是在地壳上升的同时,是先成河谷。傍水崖至潘桃峪河段,河流与单斜构造不相符合,是向斜形成之后,第三纪被夷平,之后又发育的河谷称后成河(叠置河)。沙河大部分河段属单斜谷。柳江大部分河段属断层谷。大石河在张赵庄附近的支流,弯曲较大,切割很深。张赵庄至山羊寨通往汤河有一山谷,很似汤河的旧河道,之间的秋子峪又是现在汤河和大石河的分水岭。从整体上看很似大石河袭夺汤河的支流。另外,从地形和大石河的侵蚀能力上看,也可能发生河流袭夺。

(四)柳江向斜与柳江盆地

柳江向斜和柳江盆地是以石门寨西南的柳江命名的两个不同的地质、地貌概念。柳江向斜是指区内由青白口系下马岭组至上侏罗统孙家梁组沉积岩层经褶皱所形成的地质向斜构造概念。其主要特征是:两翼地层由边缘到中心时代由老到新排列,核部较缓。西翼产状向东倾(局部有倒转),倾角较陡(60°~80°)。东翼地层出露宽度大于西翼,地层向西缓倾。向斜轴向呈近南北向(北北东方向),核部由侏罗系火山岩构成较陡峻的低山区,两翼尤其是东翼地势较缓为丘陵区,即两侧较低,中部较高。总之,柳江向斜是一个轴向近于南北的宽缓不对称向斜构造。

柳江盆地是一种地貌概念,指中心低洼,四周高耸的盆状地形,无地层层序和时代新老概念,是一个不完整的盆状地形。本区柳江盆地的中心和柳江向斜的核部不重合,前者在东,后者偏西。

第五节　北戴河海岸地质地貌实习路线

一、路线

北戴河海岸地貌路线的观察由东山区鹰角岩向北至新河(赤土河)入海口以北。大致可沿秦皇岛至北戴河海滨公路进行,也可在鹰角岩的南海滨观察,路线总长约为 3 km。

二、教学目的与任务

(1)观察海洋外动力地质作用的特点和方式,并与其他外动力地质作用(如河流地质作用等)进行比较。观察海水波浪的变形及其对海岸的海蚀作用以及海蚀地形(海蚀崖、海蚀洞穴、海蚀波切台及海蚀阶地等)的特征和类型。

(2)观察海水的沉积作用及其所形成的海积地貌——海滩、沿岸沙堤和海积阶地等。

三、教学内容

秦皇岛地区海岸带呈波状弯曲的岬湾式。一部分海岸凸向海洋形成岬角,如山海关老龙头、秦皇岛码头、北戴河金山嘴等均位于海岬部位;一部分海岸凹向陆地形成海湾,如各海滩、浴场。相应地产生两种海岸地貌类型,即海蚀海岸地貌和海积海岸地貌。

(一)海蚀海岸地貌

在海岬地带基岩裸露形成侵蚀海岸,这里水深坡陡,波能聚合,波浪强烈地拍击海岸,发育海蚀作用。海蚀主要是波浪撞击、淘蚀海岸的基岩,形成海蚀穴、海蚀凹槽、海蚀崖、海蚀平台和海蚀阶地等海蚀地形。北戴河一带海岸属基岩海岸,是由花岗岩和伟晶岩及混合岩组成的陡岸,表现为侵蚀海岸地貌(见图7-15)。其中,以鸽子窝和金山(沙)嘴表现得最为明显。

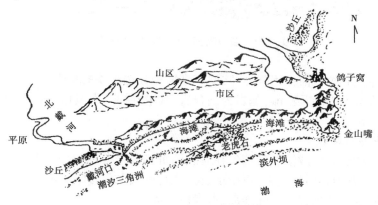

图7-15　北戴河一带海蚀海岸地貌示意图

鸽子窝又称鹰角石,正处于海岬部位,出露基岩为上太古界的花岗岩、伟晶岩、石英岩,地貌上孤峰耸立,峭壁如削(见图7-16)。鹰角亭下可见明显的海蚀地形,如海蚀崖、海蚀穴、海蚀凹槽及崖前倒石堆,其海蚀崖高约10 m。海蚀柱(鸽子石)是穿插在古老的花岗岩之内的伟晶岩岩脉,被海水差异侵蚀形成的。海蚀崖后退形成的海蚀平台,宽约50 m,在其上分布有浪蚀沟槽。

图7-16　北戴河鸽子窝基岩孤峰

金山嘴又名金沙嘴,如同鸟嘴,突出海上,呈半岛状,两翼是沙滩,前沿为断崖绝壁,三面环水,视野开阔。金山嘴主要发育海蚀地貌,沿岸可见各种海浪、潮汐侵蚀作用现象,如海蚀崖、海蚀洞、海蚀槽及滨岸石块堆积(见图7-17),还可见岩石的差异风化特点,如岩石表面的差异溶蚀现象。

图 7-17　金山嘴基岩海岸及侵蚀地貌

由于海岸陡峭,拍岸浪作用强烈,陡崖下多堆积分选很差的基岩碎石块,形成锥状、扇状倒石堆,间或有贝壳滩及沙滩,基岩为混合岩,其中穿插有大量伟晶岩岩脉,混合岩中有暗色的云母片岩。

(二)海积海岸地貌

海湾部位波能辐射,波浪能量消失在海底的沉积物上,海蚀作用很弱,主要是波浪作用将河流挟带入海的碎屑物改造、再搬运、再沉积,形成沉积海岸地貌,如夏季避暑游泳的胜地——海滩、水下沙坝、沙嘴、陆连岛、海岸沙丘等。

(1)海滩:由于激浪作用强烈,海滩以砾屑堆积为主,生物碎屑较少,沉积物以粗中砂和细砂为主。剖面分布特点是:近岸较粗,远离岸边逐渐变细。沉积物成分主要为石英、长石、云母和一些重矿物。与河流沉积相比,分选和磨圆均较好,成分单纯,常有条带状贝壳碎屑,它们是在退潮过程中堆积的。

(2)水下沙坝:在水下岸坡上发育有3~4道水下沙坝,自海滩向海第一道水下沙坝在落潮时出露水面高0.5 m左右;第二道水下沙坝在落潮时坝顶距海面不到1 m,在海滩上可看到沙坝上的波浪破碎;第三道水下沙坝在落潮时坝顶距海面2 m左右,它们是波浪向岸传播过程中因每次破碎能量降低堆积而成的。

(3)沙嘴与陆连岛:在波浪入射角发生变化处泥沙发生堆积,在丁坝或连岸防波堤两侧堆积更为明显。在湾口处形成向陆弯曲的沙嘴。北戴河老虎石与岸边之间是波影区。

第六节　大石河河谷地表水和地下水形成与分布调查及渗水试验

一、路线

基地—石门寨—傍水崖—花场峪—基地。

二、教学目的与任务

（1）掌握丘陵山区河谷中河水测流的基本方法和径流特征。

（2）掌握河谷孔隙潜水的形成特点和分布规律。

（3）了解河谷地貌、地质结构及其与地表水、地下水的关系。

（4）掌握渗水试验的操作方法。

（5）利用渗水试验数据分析计算渗透系数。

三、教学内容

大石河河谷地貌类型有河床浅滩、河漫滩及各类阶地。漫滩高出河床 1~2 m；一级阶地为冲积阶地，高出漫滩 2~3 m；二级阶地陡坎高 5~10 m，为基座阶地；三级阶地为侵蚀阶地。孔隙潜水主要赋存于一级阶地的沙砾石层中，层厚 8~10 m，富水性较好，单井涌水量大于 500 m^3/d，地下水位埋藏浅，水质较好，有较大的开发利用价值。本次实习相关知识请参阅第五章。

（一）主要实习内容

（1）观察大石河河谷地貌特征、地层岩性，绘制河谷地貌剖面图。

（2）选取断面实测河水流速、横断面、水深、河床岩性。

（3）调查访问民井、泉、坑，了解地层结构、水位、井泉流量。

（4）测量河水位、潜水位，确定地表水、地下水转化关系。

（5）选择典型地段绘制河谷平原横向地质剖面图。

（6）选择漫滩、阶地分别进行野外渗水试验工作，水柱高 10 cm。

（7）描述试验场地的地形、地貌、地层岩性，做好渗水试验记录（时间 t、间隔、注入水量 W、流量 Q、流速 v）。

（8）绘制 $Q—t$、$v—t$ 曲线，计算 K 值。

（二）讨论问题

（1）河谷孔隙潜水的埋藏、分布及其形成有何特点？

（2）大石河河谷孔隙潜水的分布规律及富集条件。

（3）试分析河水、潜水变化特点及补排关系。

（4）分析河水径流变化的影响因素。

（5）分析渗透系数的影响因素及本区渗透系数的变化特点。

（6）分析渗透系数与给水度的关系。

第七节　东部落寒武系府君山组灰岩岩溶裂隙水
形成条件调查

一、路线

基地—石门寨—东部落—潮水峪—基地。

二、教学目的与任务

(1)了解寒武系府君山组的岩性特征、分布范围以及灰岩岩溶、裂隙的发展情况。

(2)认识府君山组灰岩岩溶含水系统的特征及岩溶水的富集规律。

三、教学内容

东部落村位于一小型山间盆地中,盆地西部和南部山高坡陡,其东部和北部为平缓丘陵。村庄坐落在 3~5 m 厚的第四系沉积、残积层上。寒武系府君山组灰岩分布在该村东侧及西部的低山丘陵区,厚度约 80 m,地层走向近南北,倾角 16°,其南部 307 高地一带,分布的是寒武系馒头组、毛庄组、徐庄组、张夏组,南部 317 高地一带分布着大面积的中生界次火山岩,主要岩性为闪长玢岩。

府君山组主要岩性为暗灰色中厚层豹斑状细晶灰岩、白云质灰岩,节理裂隙较发育,岩溶较发育,地表可见各类溶蚀现象,如溶沟、溶槽、溶洞。在村南的山脚下发育一较大溶洞,洞口略近圆形,直径约 3 m,但深度较大,无法探测到,洞中有水出露。

在村庄中有四个主要泉水的出露点,总流量大于 10 000 m^3/d,均为上升泉,泉水温度 12 ℃。

(一)主要实习内容

(1)观察、描述东部落村及其周围泉水出露的地形、地质部位,测量泉的流量、水温,并访问泉水动态。

(2)观察、描述东部落村南溶洞发育状况,以及南侧次火山岩的岩性、产状与围岩的接触关系及分布状况。

(3)从村东的 193.7 高地向西沿途观察府君山组灰岩的岩性、裂隙及岩溶发育状况。

(4)绘制东部落泉群出露的水文地质平面图及剖面图。

(二)讨论问题

(1)试分析府君山组灰岩的岩溶发育规律。

(2)试分析府君山组岩溶水系统的边界及水循环条件。

(3)试述该地岩溶地下水的富集条件。

第八节　石门寨—潘桃峪综合路线

一、路线

从石门寨到北刁部落向南西方向到南刁部落、鸭水河、潘桃峪。

二、教学目的与任务

(1)观察大石河河流地貌、堆积物特征及测流速。

(2)观察与认识滑坡地貌、洪流地形及洪积物。

(3)掌握河道横、纵断面测量。

(4)掌握流速-面积法测量河道断面流量的方法;掌握流速仪和浮标法测量断面测点

流速的方法；了解流速仪的结构及测量点流速的原理。

三、教学内容

(一)河流地貌观察与描述

上庄坨—潘桃峪大石河河谷段，河谷中的滨河床浅滩、心滩、牛轭湖及各种结构类型的阶地发育齐全。从河谷横剖面及野外观察可以看出，上庄坨—潘桃峪河谷段，大石河河谷为开阔的梯坡谷，河床宽浅，沙砾石滨河床浅滩和河漫滩发育，河漫滩一般高出河床 1~2 m。一级阶地为冲积阶地，阶地面宽平而且连续完整，高出河漫滩 2~3 m。二级阶地为冰蚀——冰碛阶地，阶地面宽展平坦，但不连续，阶地前缘的堆积物大部分已被剥蚀掉而基岩裸露。阶地后缘的堆积物仍被保留下来，有一定的厚度。二级阶地陡坎高度 5~10 m。三、四级阶地为侵蚀阶地，阶地面被冲沟切割而不连续，阶地面上有零星分布的磨圆好的砾石。三级阶地陡坎高 20~25 m。四级阶地陡坎高 30~35 m。

大石河及其支流的河谷类型和河谷中各种地形的发育特征，反映了大石河流域地质结构、新构造运动和水文特点。这些地貌特征可作为研究石门寨地区地壳运动的宝贵资料。

在北刁部落，可观察与描述大石河河床、心滩、牛轭湖、河漫滩及阶地等河谷地形特征，并且注意与上庄坨一带大石河河谷地形对比。进一步描述牛轭湖冲积物的特点。

大石河在蟠桃峪附近有两条大的支流同时流入，汇流点是两条断层的交叉点，沙河从南向北汇入大石河，河谷属典型的单斜谷，西坡陡，东坡缓，在汇入大石河时受断层控制，河段顺直，东岸形成陡涯。大石河从西向东，沿断层线流动。南岸陡，形成许多断层三角面，北坡形成宽广的河漫滩和阶地。

(二)滑坡地貌观察与描述

在潘桃峪、喇嘛寺一带，观察与描述滑坡地貌，识别滑坡要素，并解释其形成过程。登蟠桃峪村北 169 高地，远眺南东方向，可观察潘桃峪滑坡全貌。

古滑坡，是指在重力的影响下岩石和土壤沿着一段山坡下滑的现象，又称作山体滑坡、山崩、坍方。滑坡识别：①地貌：斜坡上留下圈椅状、马蹄状地形；滑坡后壁、侧壁陡峭，滑体中部平台，前缘"凸出"。②岩土组成结构：岩体结构破碎，几乎成碎裂状。③地物变形：滑体上房屋地物开裂、醉汉树木、马刀树。④水文地质标志：水力联系破坏，滑体前缘成片状或股状溢出，水浑浊或虽是清水但溢出点多。⑤边界标志：前缘舌状凸起、岩土堆或小型坍塌。

从 169 高地向西眺望可见有重叠的三级夷平面。第一级分布于老君顶至大洼山，海拔 450 m 左右，表现为高度近似的山顶，保存面积较小，为唐县期夷平面；第二级分布于傍水崖、南峪、夏家峪以西，海拔 300 m 左右，表现为高度近似的丘陵，为汾河期夷平面；第三级夷平面广泛发育于本区东部和西部，海拔 180 m 左右，表现为高度 160~170 m 的一系列低丘，为汾河亚期夷平面。

(三)河流断面流速测量

在蟠桃峪村西大石河的河流交汇处附近桥下，同学们以班为单位分组测量（采用流速-面积法分别测量）。测量内容为：①大石河主河道和支流的流速、流量；②大石河主河道和支流横、纵断面，并画出河道横、纵断面图。（具体要求见本书第五章）

第九节　燕塞湖—老龙头综合路线

一、路线

基地—燕塞湖—老龙头—基地。

二、教学目的与任务

(1)观察燕塞湖,了解水库在国民经济建设中的重要作用。

(2)观察描述冲积扇沉积物的特点,了解冲积扇的形成原因、类型,定向砾石的野外测量及地质意义。

(3)观察大石河辫状河三角洲特征,描述心滩剖面。

(4)观察描述扇三角洲的地貌及沉积特征,认识扇三角洲形成和发育的控制因素。

(5)观察并掌握橡胶坝的结构构造和基本计算。

三、教学内容

(一)考察燕塞湖

具体要求见第六章内容"石河水库调查"。

(二)大石河主河道入海口

1.观察大石河形成的冲积扇和辫状河三角洲的特征

大石河是秦皇岛地区最主要的大型河流,起源于青龙县境内燕山山脉,流经抚宁区柳江盆地低山丘陵区,至山海关燕塞湖出山口,在山前大面积展开,河道分流,最后于老龙头以西注入渤海。大石河属于山区河流,季节性明显,具有典型的近源、短流、高能的砾质河特点。河床沉积物以粒径大小不等的悬浮砾石为主,占70%~80%,其次为粗砂。砾石成分以火山岩、花岗岩为主,粒径1~50 cm不等,自上游至下游略具分选性。粗砂以长英质为主,其次为重矿物,填充于砾石间或零星淤积于河漫滩。

大石河在燕塞湖以下流出山口,由于地形突然开阔,坡降变缓,河流出此处山口后水流分散,流速降低,河流从山区所挟带来的大量砾、沙碎屑便迅速堆积下来,形成一个由山口向外散开、厚度逐渐变小、地形逐渐变缓的冲积扇沉积体,冲积扇扇面宽度达5 km。冲积扇近源快速堆积,沉积物分选差,颗粒大小混杂,呈块状层理或洪水层理。

冲积扇平面上可划分为扇根、扇中、扇缘三个亚相带,由扇根至扇缘沉积物颗粒逐渐变细,分选性变好。燕塞湖处紧邻山口,为冲积扇扇根沉积,由粗大砾石组成,河床中砾石呈叠瓦状排列,最大扁平面倾向上游,长轴垂直河床分布,砾径多在10 cm左右,砾石成分复杂,以火山岩为主,还有花岗岩、灰岩等。

大石河冲积扇扇面之上,自扇中以下发育辫状河道。辫状河以发育心滩为特征,致使河道不断分汊又合并,河道摆动迁移较快。心滩为以垂向加积作用为主、向下游前积为辅的河道内沙砾坝,平面多呈菱形。当心滩逐渐加积,厚度逐渐增大,到最后高出水面以上,其上生长植物、树木,这时可称其为冲积岛。

大石河冲积扇扇端的辫状河冲积平原直接入海形成了典型的扇三角洲,水上的三角洲平原地貌十分清晰。三角洲的形成和发育主要受河流作用和海洋作用两方面控制。当以河流作用为主时,三角洲沉积不断向海推进,形成建设性三角洲,平面上呈鸟足状或扇状。当河流作用较弱,海洋作用较强时,三角洲沉积体中那些河流搬运来的碎屑物质被强烈地破坏和改造,从而具有海相沉积的一些特点,可称之为破坏性三角洲,按海洋作用类型不同有浪控和潮控两种,前者的平面形态为鸟嘴状,后者的平面形态多呈港湾状。

大石河是季节性的山区砾石质河流,洪水期主要分布在7月、8月,其他时期河流能量较低,基本无冲积物挟带入海,所以洪水期发育建设性三角洲,河流带来大量的沙、砾沉积物,快速堆积并向海推进,至平水期已形成的三角洲沉积被海水波浪作用强烈改造,沉积物沿海岸再搬运,再沉积,在河口处可见沿岸流形成的沙嘴及海滩沙沉积,在浅水地带还可见水下沙坝平行海岸分布,构成破坏性三角洲。

目前,由于燕塞湖水库大坝的拦截,大石河水极少能以洪水形式注入海中,因此现在河流对三角洲的建设作用极小,而以海洋的破坏作用为主,但是大石河属于扇三角洲,沉积主体为沙砾质,以砾石为主,抗波浪破坏的能力较强,所以至今仍保持较完整的扇三角洲形态(见图7-18)。

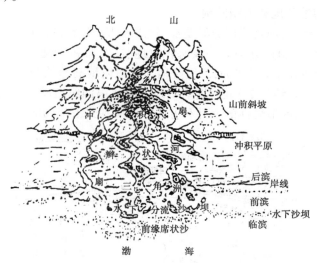

图7-18　大石河冲积扇-辫状河-辫状河三角洲沉积体系

2.大石河河口地貌的特征

秦皇岛地区入海的河流较多,如大石河、汤河、赤土河和戴河等。河口区在河流和海水的共同作用下形成三角洲或宽广的滨海平原。大石河河口区为扇三角洲,其入海处仍为砾质堆积物,河口内侧向北远眺可见残余的砾石堤,显现全新世(近几千年)以来大石河是积极向海推进的过程,只是近十几年来由于山口内建造水库,使河流能量大大减弱,推进作用受到抑制。大石河口处沉积物经波浪冲刷和改造重新堆积形成大体平行于海岸线分布的沙砾质坝,内侧潟湖沉积发育,落潮时沿岸边可见泥坪及潮汐水道。潮坪上发育潜穴生物、生物钻孔及粪团粒。潟湖水较深,可停泊渔船。向海方向形成水下沙坝和水下天然堤和前缘席状沙(见图7-19)。

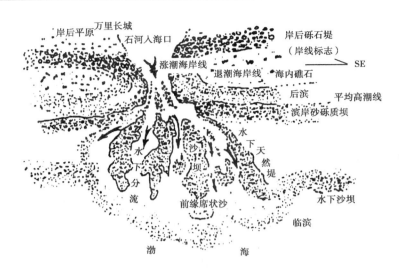

图 7-19　大石河河口地貌特征

(三)老龙头海蚀阶地和海积阶地

在老龙头海岸地带,地貌成层分异明显,标志着古海岸线的高度。自海滩向上可以识别出三级阶地(见图 7-20),分别为一级海积阶地、二级海积阶地、三级海蚀阶地。其中,三级阶地与二级阶地高差约为 5 m,二级阶地与一级阶地高差约为 3 m,一级阶地与现代海水退潮时海平面高差约为 2.5 m。这些阶地表明在第四纪地质时期新构造运动的活动是显著的,并表现出陆区节奏性的上升和海区相对阶梯式下降的活动性质。

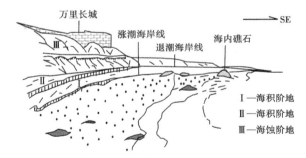

图 7-20　老龙头海蚀及海积阶地素描图

参 考 文 献

[1] 安洪声.秦皇岛市水利志[M].天津:天津人民出版社,1993.

[2] 包云轩,樊多琦.气象学实习指导[M].2版.北京:中国农业出版社,2007.

[3] 陈南祥.工程地质及水文地质[M].4版.北京:中国水利水电出版社,2012.

[4] 陈胜宏.水工建筑物[M].2版.北京:中国水利水电出版社,2014.

[5] 成都气象学校.气象观测[M].北京:农业出版社,1961.

[6] 崔振才,杜守建,张维圈,等.工程水文及水资源[M].北京:中国水利水电出版社,2008.

[7] 姚渝丽,段若溪,田志会.农业气象实习指导[M].北京:气象出版社,2016.

[8] 段文标,汪永英.气象学实验教程[M].哈尔滨:东北林业大学出版社,2006.

[9] 高本虎.橡胶坝工程技术指南[M].2版.北京:中国水利水电出版社,2006.

[10] 葛朝霞,曹丽青.气象学与气候学教程[M].北京:中国水利水电出版社,2009.

[11] 耿鸿江.工程水文基础[M].北京:中国水利水电出版社,2003.

[12] 桂劲松,银英姿.水文学[M].2版.武汉:华中科技大学出版社,2014.

[13] 国家质量监督检验检疫总局,国家标准化管理委员会.区域地质图图例:GB/T 958—2015[S].北京:中国标准出版社,2016.

[14] 韩再生.秦皇岛市石河流域水资源评价及地下水库—地表水库的联合运用[C]//水文地质工程论丛(三).北京:地质出版社,1987.

[15] 河北省地质矿产局.河北省 北京市-天津市区域地质志[M].北京:地质出版社,1989.

[16] 河北省地质矿产局区域地质调查大队.1:5万山海关幅区域地质图及其说明书[R].石家庄:河北省地质矿产局,1987.

[17] 黎国胜,王颖.工程水文与水利计算[M].郑州:黄河水利出版社,2009.

[18] 李爱贞,刘厚凤.气象学与气候学基础[M].北京:气象出版社,2004.

[19] 李昌年.简明岩石学[M].武汉:中国地质大学出版社,2010.

[20] 李天科,刘经强,王爱福.低水头水工建筑物设计[M].北京:中国水利水电出版社,2009.

[21] 李秀梅.秦皇岛市水资源现状与节水管理措施[J].技术与市场,2011,18(08):258-259.

[22] 林辉,汪繁荣,黄泽钧.水文及水利水电规划[M].北京:中国水利水电出版社,2007.

[23] 林建平,赵春国,程捷,等.北戴河地质认识实习指导书[M].北京:地质出版社,2008.

[24] 林伟.水文勘测工[M].成都:电子科技大学出版社,2004.

[25] 刘进宝.水工建筑物[M].北京:中国水利水电出版社,2005.

[26] 刘俊民,余新晓.水文与水资源学[M].北京:中国林业出版社,1999.

[27] 柳成志,马凤荣.北戴河地区地质实习指导书[M].北京:石油工业出版社,2006.

[28] 吕新,塔依尔.气象及农业气象实验实习指导[M].北京:气象出版社,2006.

[29] 罗朝.秦皇岛市农业水资源存在的问题与对策[D].杨凌:西北农林科技大学,2013.

[30] 彭新瑞,崔新华,江海涛.水文计算实务[M].郑州:黄河水利出版社,2008.

[31] 齐家璐,董耀会.秦皇岛市志[C]//新编中国优秀地方志.北京:方志出版社,1999.

[32] 秦皇岛市统计局,国家统计局秦皇岛调查队.秦皇岛市2016年国民经济和社会发展统计公报[N].河北:秦皇岛日报,2017-05-03(005).

[33] 邱建慧.土木工程建筑概论[M].北京:国防工业出版社,2014.

[34] 荣艳淑,葛朝霞,曹丽清,等.气象学与天气学实习指导书[M].北京:中国水利水电出版社,2008.

[35] 桑隆康,廖群安,邬金华.岩石学实验指导书[M].武汉:中国地质大学出版社,2005.

[36] 世界气象组织(WMO).水文实践指南:第一卷 资料收集和整理[M].北京:中国水利电力出版社,1987.

[37] 中华人民共和国水利部.水利水电工程设计洪水计算规范:SL 44—2006[S].北京:中国水利水电出版社,1993.

[38] 宋春青,邱维理,张振春.地质学基础[M].4版.北京:高等教育出版社,2008.

[39] 孙士超.石门寨地质概况及地质教学实习指南[M].北京:地震出版社,1992.

[40] 谭海涛,王贞龄,余品伦,等.地面气象观测[M].北京:气象出版社,1980.

[41] 田玉良.中国秦皇岛百年大观[M].北京:中国财政经济出版社,2000.

[42] 王家生.北戴河地质认识实习简明手册[M].武汉:中国地质大学出版社,2004.

[43] 王树廷,王伯民.气象资料的整理和统计方法[M].北京:气象出版社,1984.

[44] 魏文秋,张利平.水文信息技术[M].武汉:武汉大学出版社,2003.

[45] 吴孔友,冀国盛.秦皇岛地区地质认识实习指导书[M].东营:中国石油大学出版社,2007.

[46] 西北大学地质学系.秦皇岛地区地质实习指导书[M].西安:西北大学出版社,1999.

[47] 夏邦栋.普通地质学[M].2版.北京:地质出版社,1998.

[48] 肖长来,曹剑峰,卞建民.水文与水资源工程教学实习指导[M].长春:吉林大学出版社,2005.

[49] 肖汉.工程水文水力学[M].郑州:黄河水利出版社,2015.

[50] 徐振宇.秦皇岛市城市区水资源现状及发展对策[J].中国水运,2014,14(04):216-217.

[51] 西北大学地质学系.秦皇岛地区地质实习指导书[M].西安:西北大学出版社,1999.

[52] 杨丙中,李良芳,徐开志,等.石门寨地质及教学实习指导书[M].长春:吉林大学出版社,1984.

[53] 杨大文,杨汉波,雷慧闽.流域水文学[M].北京:清华大学出版社,2014.

[54] 杨景春,李有利.地貌学原理[M].北京:北京大学出版社,2001.

[55] 杨伦,刘少峰,王家生.普通地质学简明教程[M].北京:中国地质大学出版社,2004.

[56] 叶守泽.水文水利计算[M].武汉:武汉大学出版社,2013.

[57] 易珍莲,梁杏.水文学原理与水文测验实验实习指导书[M].北京:中国地质大学出版社,2011.

[58] 曾宪锋.秦皇岛植物区系地理[M].北京:中国农业科学技术出版社,2004.

[59] 詹道江,徐向阳,陈元芳.工程水文学[M].4版.北京:中国水利水电出版社,2010.

[60] 张春满,郭毅.工程水文水力学[M].北京:中国水利水电出版社,2007.

[61] 张华帅.干旱条件下秦皇岛水资源保护策略研究[D].杨凌:西北农林科技大学,2013.

[62] 张晶.秦皇岛市地表水环境监测点位优化研究[D].北京:北京工业大学,2014.

[63] 张连庆,刘吉印.水文测验和水文计算[M].北京:水利电力出版社,1984.

[64] 张忠学.工程地质与水文地质[M].北京:中国水利水电出版社,2010.

[65] 赵建三,贺跃光.测量学[M].2版.北京:中国电力出版社,2013.

[66] 赵志贡,岳利军,赵彦增,等.水文测验学[M].郑州:黄河水利出版社,2005.

[67] 赵志贡,荣晓明,菅浩然,等.水文测验学[M].郑州:黄河水利出版社,2005.

[68] 中共秦皇岛市委党史研究室,高远,允义.秦皇岛史话[M].北京:中央文献出版社,2001.

[69] 中国地质大学(北京).1:25万青龙县幅区域地质调查报告及其地质图[R].2003.

[70] 周强.自然地理学野外实习:原理、方法与实践[M].西宁:青海人民出版社,2005.

[71] 周忠远,舒大兴.水文信息采集与处理[M].南京:河海大学出版社,2005.

[72] 朱岐武,拜存有.水文与水利水电规划[M].郑州:黄河水利出版社,2008.

[73] 朱筱敏.沉积岩石学[M].4版.北京:石油工业出版社,2008.